AI REVOLUTION
IN
INVESTMENT

AI REVOLUTION
IN
INVESTMENT

最強 **AI**
投資分析

打造自己的股市顧問機器人
股票趨勢分析 x 年報解讀 x 選股推薦 x 風險管理

AI REVOLUTION
IN
INVESTMENT

感謝您購買旗標書，
記得到旗標網站
www.flag.com.tw
更多的加值內容等著您…

<請下載 QR Code App 來掃描>

● FB 官方粉絲專頁：旗標知識講堂、從做中學 AI

● 旗標「線上購買」專區：您不用出門就可選購旗標書！

● 如您對本書內容有不明瞭或建議改進之處，請連上旗標網站，點選首頁的 聯絡我們 專區。

若需線上即時詢問問題，可點選旗標官方粉絲專頁留言詢問，小編客服隨時待命，盡速回覆。

若是寄信聯絡旗標客服 email，我們收到您的訊息後，將由專業客服人員為您解答。

我們所提供的售後服務範圍僅限於書籍本身或內容表達不清楚的地方，至於軟硬體的問題，請直接連絡廠商。

學生團體	訂購專線：(02)2396-3257 轉 362
	傳真專線：(02)2321-2545
經銷商	服務專線：(02)2396-3257 轉 331
	將派專人拜訪
	傳真專線：(02)2321-2545

國家圖書館出版品預行編目資料

最強 AI 投資分析：打造自己的股市顧問機器人，
股票趨勢分析 X 年報解讀 X 選股推薦 X 風險管理
施威銘研究室 著 -- 臺北市：旗標科技股份有限公司，
2023. 11 面；公分

ISBN 978-986-312-772-7 （平裝）

1. CST: Python(電腦程式語言) 2. CST: 人工智慧
3. CST: 股票投資 4. CST: 投資技術

312.32P97 112017953

作 者／施威銘研究室 著

發 行 所／旗標科技股份有限公司

台北市杭州南路一段15-1號19樓

電 話／(02)2396-3257(代表號)

傳 真／(02)2321-2545

劃撥帳號／1332727-9

帳 戶／旗標科技股份有限公司

監 督／陳彥發

執行企劃／楊世瑋

執行編輯／楊世瑋、陳省任

美術編輯／蔡錦欣

封面設計／蔡錦欣

校 對／留學成、楊世瑋、陳省任

新台幣售價：750 元

西元 2024 年 6 月初版 5 刷

行政院新聞局核准登記-局版台業字第 4512 號

ISBN 978-986-312-772-7

版權所有・翻印必究

本書閱讀方法

在本書中,為了減少開發環境的版本差異,我們使用 Colab 和 Replit 兩個線上開發環境進行實作範例。各章節皆提供範例程式的短網址,讀者完全不需要自行撰寫程式碼,可以直接進入連結網址來查看或執行。為了進一步方便讀者,我們也把所有的範例專案網址都整理在以下的頁面中:

https://www.flag.com.tw/bk/t/f3933

📊 Colab 使用方法

Colab 為 Google 推出的雲端 Python 開發環境,使用者可以一鍵運行其他人所分享的程式。開啟本書的 Colab 網址後,請讀者先依據以下步驟將範例專案儲存至自己的雲端硬碟中:

Google

登入

使用您的 **Google** 帳戶

電子郵件地址或電話號碼

忘記電子郵件地址？

❸ 輸入 Google 帳密並登入

如果這不是你的電腦，請使用訪客模式以私密方式登入。 瞭解詳情

建立帳戶　　　　　　　　　　下一步

CO　stk_ch02.ipynb - Colaboratory　✕　＋

←　→　C　　colab.research.google.com/drive/1QbpyDmdPXTUGw

CO　🔺 **stk_ch02.ipynb**

檔案 編輯　檢視畫面　插入　執行階段　工具　說明　系統不會儲

❹ 點擊檔案

新增筆記本

開啟筆記本　　　　　　　　Ctrl+O　| API

上傳筆記本

重新命名

❺ 按一下即可儲存複本至自己的雲端硬碟中

在雲端硬碟中儲存複本

將副本另存為 GitHub Gist　　　使用上的複雜度。

在 GitHub 中儲存副本

6 各儲存格皆有設定標號, 方便讀者配合書中程式閱讀

Colab 使用注意事項

Colab 在中文環境下雖然可以正確運作, 不過你可能會遇到開啟範例筆記本後, 程式碼縮排看起來有點零散的狀況, 例如:

```
1 def  get_reply(messages):
2      try:
3              response  =  openai.ChatCompletion.create(
4                  model  =  "gpt-3.5-turbo",
5                  messages  =  messages
6              )
7              reply  =  response["choices"][0]["message"]["content"]
8      except  openai.OpenAIError  as  err:
9              reply  =  f"發生  {err.error.type}  錯誤\n{err.error.message}"
10     return  reply
```

這是因為空格的字寬是中文全形字寬造成的, 建議可以設定編輯器使用等寬字, 例如在 Windows 可以設定為 Consolas 字型:

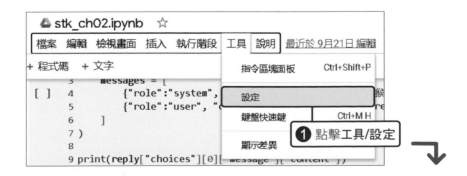

5

就會正常了：

```
 1 def get_reply(messages):
 2     try:
 3         response = openai.ChatCompletion.create(
 4             model = "gpt-3.5-turbo",
 5             messages = messages
 6         )
 7         reply = response["choices"][0]["message"]["content"]
 8     except openai.OpenAIError as err:
 9         reply = f"發生 {err.error.type} 錯誤\n{err.error.message}"
10     return reply
```

📊 Replit 使用方法

與 Colab 略微不同的是，Replit 更適合開發小型的應用程序（整合使用者介面、後端運行或串接其他的 API）。在本書中，我們將許多有趣的應用程式（例如，Line 機器人）部屬到 Replit 上，方便讀者可以將專案複製 Fork 到自己的帳戶中，直接運行。開啟本書的 Replit 網址後，請讀者依據以下步驟來複製專案：

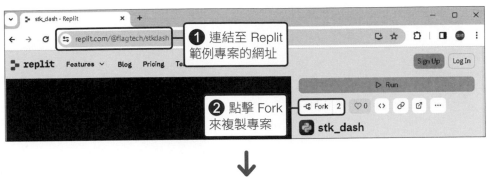

1 連結至 Replit
範例專案的網址

2 點擊 Fork
來複製專案

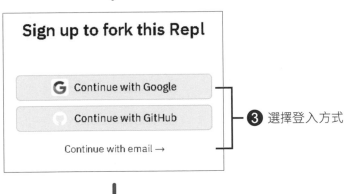

Sign up to fork this Repl

G Continue with Google

○ Continue with GitHub

Continue with email →

3 選擇登入方式

Fork Repl

Name   8 / 60

stk_dash

Description   36 / 1000

進階資料視覺化：
1. 互動式 K 線圖
2. AI 計算技術指標並畫圖

🌐 Public

Anyone can view and fork this Repl.

⚡ Upgrade to make private

Cancel   Fork Repl

4 點擊 Fork Repl, 會自動
將副本儲存到自己的帳號中

新增環境變數

接下來，在本書中會透過串接 OpenAI 的 API 來調用 GPT 模型，或是在串接 Line 或 Discord 時所取得的金鑰。若要順利運行 Replit 應用程式，需要在工具區 Tools 中的 Secrets 來設置相關的環境變數：

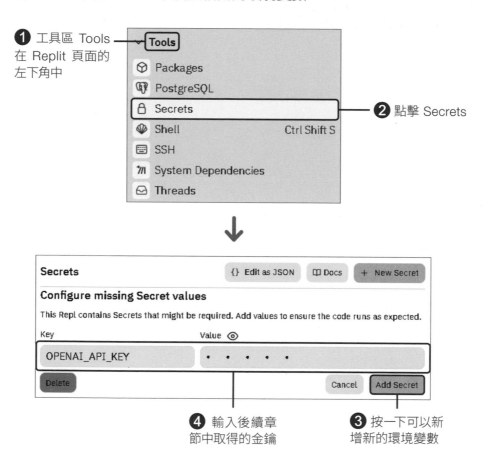

❶ 工具區 Tools 在 Replit 頁面的左下角中

❷ 點擊 Secrets

❹ 輸入後續章節中取得的金鑰

❸ 按一下可以新增新的環境變數

CONTENTS

目錄

01 投資一定要跟老師嗎?股票分析基礎

02 從零開始:用 OpenAI API 建構 自己的 AI 機器人

03 股市資料蒐集、爬蟲與搭建資料庫

04 讓 AI 計算技術指標及資料視覺化

01

投資一定要跟老師嗎？
股票分析基礎

股市就像一片汪洋大海，如果投資人不了解這片海域就貿然下水，無疑是自尋死路。但危險也常常伴隨著機會，如果我們備好地圖、船隻與釣竿，做足準備，也許就會在這片海洋中，開拓屬於我們的航道；找到沒有人發現過的祕寶。在本章中，我們希望用最簡單的方式，介紹投資學的重要理論，進而帶給讀者正確的投資觀念。

股市投資的方法，主要分成兩大派，一種是股神巴菲特所崇尚的**基本面分析**（其實巴菲特算是內線交易派），依據股票的實際價值回推股價，若股價低於實際價值就買入，反之則賣出；另一種則是**技術面分析**，使用線圖來推估未來的市場走勢，相信線圖反應著人性與大戶操作。這兩派人馬就像老子與孔子，各自的論點都有人支持，也都有道理，卻常常互看不順眼。但就筆者看來，其實這兩種方法各有優缺，也能互補。透過多角度的分析來審視投資，不僅能夠幫助我們避免陷入盲區，更能夠清晰地洞察整體局勢。

1.1　基本面分析

簡單來說，基本面分析就是在衡量股票本身的「價值」，若「股票價值」高於「價格」，就進行買入，並預期未來股價會回歸到其真實價值，進而賺取**資本利得**（買低賣高賺取差價）及**股息**。

德國證券界教父－安德烈‧科斯托蘭尼 (André Kostolany) 曾以「老人與狗」來形容基本面與股價的關係。股價就像老人身旁牽的狗，短時間內會在老人周圍跑來跑去，但就**長期**來說，我們需要關注的則是老人前進的方向。

📊 為什麼雞蛋不能放在同一個籃子裡？

我們很常聽到別人說「雞蛋不能放在同一個籃子裡」或是「買股票一定要分散風險」，但為什麼呢？難道就不能 ALL IN 某檔股票嗎？這樣股票在漲的時候不是賺的比較多嗎？請讓我用背後的理論來說服你。

投資個股的總風險可以拆分成**系統風險 (systematic risk)** 與**非系統風險 (unsystematic risk)** 兩種。系統風險指的是不管投資任何資產都會面臨到的風險（例如：戰爭、金融危機）；而非系統風險是投資股票的特有風險（例如：生技公司解盲失敗、遊戲公司爆出性騷擾醜聞）。

在多角化投資下（投資多種股票），非系統風險會隨著投資組合中的資產數量增加而逐步分散掉（因為特有風險的比重降低，且能夠被另一間公司的利多消息抵銷），進而使整體投資組合的總風險降低。在不增加成本的情況下，使用多角化投資就能輕鬆地讓我們享受到降低整體風險的好處。

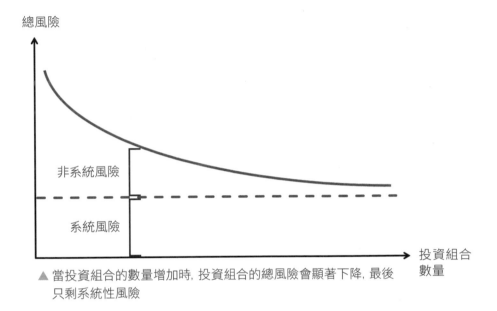

▲ 當投資組合的數量增加時，投資組合的總風險會顯著下降，最後只剩系統性風險

　　那要多少檔的股票才能有效地分散風險呢？經實測，當投資檔數來到 20 左右時，就已經可以分散約 90% 左右的非系統風險了。像 ETF 這類的**被動型基金**就是多角化投資的典範，也不用像**主動型基金**一樣付出額外的經理人佣金與交易成本，這也是許多投資人選擇投資 ETF 的原因。如果你不擅長投資或懶得管理，筆者非常推薦這種方法。

Tip

主動型基金：由基金經理人主動、積極地挑選投資標的並進行操盤，通常會有較高的佣金或管理費用。

被動型基金：單純依據市值、殖利率或產業等基本面資訊來購買一籃子的股票。因無經理人操盤，所以管理費用較低，扣除管理費用後的報酬通常會優於主動型基金。像 0050、0056 都屬於被動型基金。

📊 高報酬伴隨著高風險

那要如何衡量股票的價值呢？就讓我們先從**風險**與**報酬**的關係開始說起。假設市場上只有兩種資產，一種為政府堆出的「無風險」債券，每年報酬為 5 %；另一種為風險較高的 A 股票，每年報酬有可能是正 5% 或是負 5%（機率一半一半）。在這樣的情況下，你會去買政府推出的無風險債券還是 A 股票？我想應該不用多說，只要是正常人都會選擇政府債券吧！如果可以獲得 5% 的確定報酬，為什麼要平白無故去承擔額外風險？

換句話說，「風險」其實是有「價值」的，投資人不是笨蛋。如果要投資人承擔額外的風險，勢必要給他們相對的甜頭，這稱之為「風險溢酬」。我們可以用方程式表示如下：

$$某資產的預期報酬 = 無風險報酬 + 風險溢酬$$
$$\rightarrow E(R_i) = R_f + \beta_i \times [E(R_m) - R_f]$$

其中：

● $E(R_i)$ 為資產 i 的要求報酬率

● R_f 為無風險報酬，通常會用一年期政府債券推估

● β_i 為資產 i 的系統性風險係數，代表某資產與整體市場之間的變化關係

● $E(R_m)$ 為整體市場的平均報酬，通常會用市場指數報酬率推估

上述的公式對於初學者來說有點複雜，但這是在投資學領域中最著名的**資本資產定價模型 (Capital Asset Pricing Model, CAPM)**。不懂也沒關係，從這個公式中，我們只要了解一個重要概念－就是**風險與報酬呈現正向關係**。若某資產的風險越高，投資人會要求更高的報酬作為補償，所以沒有提供任何風險溢酬的 A 股票屬於被支配的無效資產，不會有任何人投資。俗話說「高風險高報酬」，還真的不是空口說白話。

TIP

在 CAPM 模型的假設下，投資組合已充分多角化，任何股票的風險為與大盤的共變異數比例（β，beta 值）。

📊 百鳥在林，不如一鳥在手：到手的現金才是硬道理

讓我們思考一下，投資的本質是什麼？投資其實就是用投入成本及時間，來換取未來**穩定的現金流**。買債券、買房子出租甚至是創業開店都是同個道理，而這也是**股利折現模型 (dividend discount model)** 的原理。

在投資中，投資人關注的是每期的現金流以及其風險；而在評估股票價值時也是相同概念，所以我們會將未來每期的股利依據其風險，也就是要求報酬率 $E(R_i)$ 來進行折現，回推目前的市場價值。公式如下：

$$P_0 = \frac{D_1}{1 + E(R_i)} + \frac{D_2}{(1 + E(R_i))^2} + \cdots$$

其中：

● P_0 為資產的現在價值

● $E(R_i)$ 為資產 i 的要求報酬率

● D_1、D_2... 為未來每期所發放的股利

從以上公式中可以發現，股票的價值即為未來股利的折現總和。值得注意的是，股票的要求報酬率 $E(R_i)$ 越高（即這支股票的風險越大），會導致該股票的價值相對較低。

📊 高登模型 (Gordon model)

在股利折現模型的基礎下，我們可以加入一個重要變數－公司成長率 g，並將股利折現模型的公式改寫如下：

$$P_0 = \frac{D_1}{1+E(R_i)} + \frac{D_1(1+g)}{(1+E(R_i))^2} + \frac{D_1(1+g)^2}{(1+E(R_i))^3} + \cdots = \sum_{t=1}^{\infty} \frac{D_1(1+g)^{t-1}}{(1+E(R_i))^t}$$

可將此無窮級數改寫為 → $P_0 = \dfrac{D_1}{E(R_i) - g}$

其中：

● g 為公司的成長率，且 $g < E(R_i)$

上述為在評估股票價值時應用最廣泛的高登模型，同時也是基本面分析的核心理論模型。在其他條件相同的情況下，我們可以觀察到**公司的成長率 g 與公司價值呈正比**。換句話說，成長率越高，公司的評估價值會相對提升；反之，較低的成長率則可能導致公司估值降低。因此，成長率無疑是評估公司價值時的一個至關重要的因素。

但是，如何衡量**成長率**及**公司價值**是非常主觀的，不同的專家可能會根據不同的方法或模型來評估公司的成長率，比如參考過去的成長率、相對評價模式或預測 EPS 等等，這都會使得計算出的股票價值有所不同。

📄 相對評價模式

在評估公司的成長率和價值時，我們通常會採用相對評價模式，這也是基本面分析中最普遍被應用的方法之一。透過對比目標公司和其他類似公司的財務指標，我們能夠更精確地推估目標公司的**成長率**和**價值**。以下是相對評價模式的基本步驟：

1. **選擇比較公司**：尋找與目標公司有相似特性的公司作為比較對象，通常會考慮同一產業、相近的規模和類似的經營模式的公司。

2. **選擇評價指標**：選擇能夠反映公司營運狀態的基本面指標，常見的指標包括本益比 (P/E)、每股盈餘 (EPS)、股東權益報酬率 (ROE) 和週轉率等。

NEXT

01

投資一定要跟老師嗎？股票分析基礎

3. **評估公司價值：**將目標公司的評價指標與類似公司的評價指標進行對比，根據這些比較數據，進一步推估目標公司的成長率和價值。

以一根價格為 20 元的香蕉為例，對於 A 投資人而言，他可能會用產地、品種及甜度來評估，最後評估出的價值可能為 30 元，所以 A 投資人會不斷地買入香蕉；而對於 B 投資人，他僅僅依據重量及大小來估價，價值可能只有 15 元，所以 B 投資人借了一大堆的香蕉來賣（做空）。兩位投資人雖然都是用基本面的方法來評估，但所使用的指標不同，導致做出完全相反的決策。因此，如何客觀地評估股票價值一直是經濟學家、學者和專業投資人努力克服的挑戰。

1.2 技術面分析

技術分析的觀點與基本分析背道而馳。基本分析派認為，我們應衡量股票的「價值」，因為在長期下，股價將會回歸到其內含價值；而技術分析派則認為，市場並非理性，我們只要關注能不能以比買入價更高的「價格」賣出股票就夠了。

經濟學家凱因斯曾說過一句名言：「如果等到長期，我們都死了 (In the long run, we are all dead)」。雖然就長期來說，股價確實會回歸基本面，但沒有人能夠明確定義到底「長期」是多久，也沒有人能知道人性的貪婪會延續多久。

1637 年發生的鬱金香泡沫就是個很好的例子。人人都知道鬱金香的價格遠遠超過其基本價值，但市場熱度仍持續瘋狂，每個投資人都深怕自己沒有跟上車，錯過賺錢的機會，紛紛加入炒作。但是，泡沫總會有破裂的

1-7

一天，只是不知道什麼時候會開始。此時，透過技術分析來查看崩盤的線索，或許就是個找到徵兆的好方法。

📉 鬱金香泡沫

鬱金香泡沫是17世紀中在荷蘭發生的經濟泡沫事件。1630年代，鬱金香球莖成為貴族的配飾，也成為一種代表身份地位的象徵。而鬱金香需要大約5年以上的栽種時間，市場上供不應求，故而成為當時熱門的投資標的，價格逐漸開始飆升。在最瘋狂的時候，一株鬱金香球莖的價格足以購買一座豪宅。但在1637年，價格突然崩盤，許多投資者瞬間損失巨額，成為歷史上第一個經濟泡沫事件，也成為現代期貨炒作的開端。

▲ 當時要價一棟豪宅的奧古斯都鬱金香，紅色的條紋花瓣為其特色

有很多指標可以幫助我們衡量崩盤或是股市的下方風險，例如：消費者信心指數、銀行借貸的流動性、VIX 恐慌指標、死亡交叉或是各種量價指標等等。這些指標大部分都有研究文獻指出與股市崩盤有顯著關係，雖然不是百發百中，但或多或少能幫我們了解目前市場的危險性。

📊 效率市場假說

有許多理論認為技術分析是不可行的，投資人無法透過任何技術分析的方式從股市中獲利。例如，在投資學領域非常著名，由尤金‧法馬 (Eugene Fama) 所提出的**效率市場假說 (Efficient-market hypothesis)**。

效率市場假說提出了一個概念，如果市場中的投資人都是絕對理性且追求自利的，那麼股票的任何相關資訊（無論是好消息還是壞消息）都會迅速地反映在股價上。舉例來說，如果氣象局預報指出一個超級颱風即將在下週襲擊台灣，對各類農作物會造成巨大的損害。此時，大家就會一窩蜂地早起到菜市場「搶菜」，導致颱風來臨之前菜價就已經上漲，這正是效率市場假說的基本概念。

再舉一個股市的例子。先前微軟與暴雪的收購案鬧得沸沸揚揚，如今收購案已順利通過，確定微軟將以每股 95 元的價格收購暴雪。在這種情況下，暴雪的股價將會立即攀升至 95 元，而不是等到收購完成後再慢慢上漲。原因在於，若能夠以低於 95 元的價格購入暴雪股票，一旦微軟開始收購，就能立刻從中獲利差價。這將引發套利者紛紛搶購暴雪的股票，直到套利空間消失，股價穩定在 95 元。

在效率市場假說下，市場是完美的，投資人無法透過任何分析的方式來賺取超額利潤。為什麼呢？想像一下，如果你發現了一個能夠賺錢的投資策略，並將這個策略應用到股市上，其他投資者很快就會注意到並進行套利（因為資訊是公開的）。當所有人都採用這一策略時，股價便會立即調整，導致該策略失效。

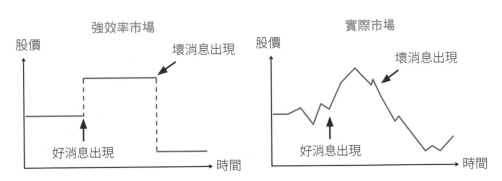

▲ 在效率市場下，當新資訊出現時，會即時反應到股價上

這個理論是不是相當令人絕望，難道我們小散戶就沒辦法透過任何分析方法來獲利嗎？不用擔心，從上圖可以發現，在實際的市場中，投資人並

不是完全理性的，市場常常會**反應過度**或**反應不足**。如果你真的發現了一個能夠獲利的策略，那就想盡辦法保密，絕對不要公開，只要你公開了能獲利的策略，該策略馬上就會無效。

　　我們可以依據這個想法繼續延伸思考，那些報明牌的股市大師是不是都是騙人的？筆者沒辦法一竿子打翻所有人，但是我們可以思考看看。是不是所收取的明牌費遠高於實際下單所能獲得的期望報酬，股市大師才會出售明牌？那購買明牌的期望報酬是不是正的呢？

📐 期望值、損失與風險趨避

假設你走在街道上，路邊的某個小攤販人滿為患，你走近一看，發現大家正在參與一個猜硬幣的賭博遊戲，只要硬幣翻到正面，莊家就會賠 3 倍，每次下注最多為 10 元。你心想莊家絕對是瘋了，因為聰明的你馬上能算出這個遊戲的期望值為：

$$E(每次下注) = 0.5 \times 30 + 0.5 \times (-10) = 10$$

也就是說，只要下注 10 元 (代表下方風險或最高可能損失)，每次的期望報酬為 10 元。於是你滿懷期待的也參與這個賭局，但漸漸地，越玩越不對勁，雖然有時候會贏，但是本金卻持續在減少。接著，旁邊有一個老人跟你說：「很明顯地，莊家一定是在作弊，但是我已經看穿他的手法了。只要你付我 20 元，我可以告訴你甚麼時候該下注，這樣你還倒賺 10 元！」。你覺得有道理，於是答應了老人的提議。

又玩了一陣子後，你發現雖然損失減少了，老人的明牌確實有用，但也不是百發百中，並非每次都預測成功。於是你將賭局進行紀錄，發現老人的預測命中率約 75%，此時你的期望值為：

$$E(每次下注) = 0.75 \times 30 + 0.25 \times (-10) - 20 = 0$$

NEXT

而老人如果自己下注的期望值為：

> E(老人自己下注) = 0.75 × 30 + 0.25 × (-10) = 20

老人出售明牌的期望值為：

> E(出售明牌) = 20

雖然老人自己下注與出售明牌的期望值相同，但不知道你有沒有發現，老人其實做的是「風險轉移」的操作。當你接受老人的提議時，你無意間就幫老人承擔了他的下注風險。更不用說，老人還可以同時出售明牌給多個人，進而賺取更多報酬。故事中的老人還算是有良心的，至少沒讓你賠錢。而在現實世界中，類似的操作繁不勝數，且更為複雜，甚至有些手段堪比殺豬盤，讓人猝不及防。

📊 行為財務學

許多實證研究表明，股票的報酬會受到某些異常現象影響，例如：股市泡沫與崩盤、IPO 效應、帳市值比效應及規模效應等等，而效率市場假說無法很好地解釋這些現象的發生，現實世界中的投資人往往是不理性的，這也催生了**行為財務學**的發展。

TiP

IPO 效應：初上市的股票通常會有額外的超額報酬，也稱為 IPO 蜜月期。

帳市值比效應：帳市值比為股東權益除以公司市值。經實證，帳市值比越高的公司會有較高的報酬。

規模效應：小型股的報酬率通常會優於大型股。

行為財務學捨棄傳統理論認為投資人都是理性的假設，試圖以心理學的角度來解釋市場上的異常行為。以下是幾個較為著名的行為財務學理論：

1. 展望理論 (prospect theory)：

丹尼爾・康納曼 (D. Kahneman) 與阿摩司・特沃斯基 (A. Tversky) 將心理學結合到行為財務學的領域，提出了展望理論，丹尼爾・康納曼更因此獲得 2002 年的諾貝爾獎。這個理論解釋了當人們面臨決策時，會以當下**財富的參考點**及**風險**來考量。

想像一個狀況，如果你現在捉襟見肘、非常需要錢，現在有兩個機會給你做選擇，一個是 80% 獲得 6,500 元；另一個是 100% 獲得 5,000 元。你會怎麼選呢？我想大多數人都會選擇後者，但其實前者的期望值更高，是一個更為理性的選擇。讓我們換個角度，如果你現在是億萬富翁的話會怎麼選呢？

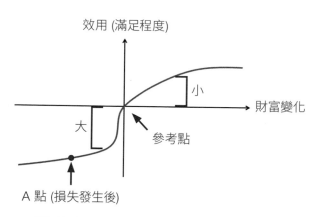

▲ 當投資人在面臨損失時，會有趨避心理，因而做出非理性的決策

展望理論說明了市場上的投資人並非理性，當在面臨損失時，投資人的效用（可以想像成是滿足程度）會急遽下降，故會有損失趨避的心理。而在損失發生後（圖中 A 點），投資人會轉換為風險偏好者，賭一把回本所帶來的效用會遠遠大於持續虧損的效用，這也說明了散戶被套牢時，寧願繼續持有也不願停損的心態。

01

投
資
一
定
要
跟
老
師
嗎
？
股
票
分
析
基
礎

TIP

在經濟學中，我們會用**效用**來衡量消費者對商品或服務的滿意度。當商品帶來的效用大於價格，消費者就會購買該商品，並產生消費者剩餘（效用與價格的差值），而在投資中的**效用**也是相同的概念。

2. 定錨效應 (anchoring effect)：

定錨效應是一種心理學上的認知偏誤。當人們在制定決策時，常常會以一個參考值作為基準，然後對之後的感受圍繞其基準而上下修正。例如，選美比賽時，評審常常會將第一位選手作為基準，接著將之後選手的表現依據此基準來給分。

而在投資領域中，投資人也常常會受到定錨效應的影響，導致做出有偏差的決策。例如，投資人可能會過度關注某一檔股票的歷史高低點，當股價低於過往低點時就認為這檔股票被低估了，而忽略其他的客觀因素。

3. 心理帳戶 (mental accounting)：

心理帳戶理論指出，人們會將資金依據不同的來源或用途劃分成不同的「心理帳戶」，從而對價值相同的資金做出不同的決策。例如，比起辛辛苦苦賺來的薪水，一筆意外之財的出現（中樂透或額外的年終獎金），會讓我們覺得在消費時比較不心疼，從而做出過度消費的決策。

當投資人在股市中順利賺到錢時，往往會誤以為賺錢是一件非常容易的事。這樣的心態可能導致我們在消費上變得更奢侈，或者在投資時增加槓桿、提高投資倍率。然而，這樣的行為可能使投資者偏離最初制定的投資策略，落入所謂的「心理帳戶」陷阱。

4. 從眾行為 (conformity)：

人類是一種群聚動物，當人們做出與群體相反的決策時，常常會感受到壓力或不自在。從眾行為說明了這種現象，當人們在面臨決策時，會傾向模仿大多數人的行為。

▲ 在電梯裡, 當某人與其他人面向相反方向時, 往往會感到不舒服, 於是這個人會漸漸的
改變站位, 與大家面向相同方向。這也是從眾行為的一個經典實驗。

在股票投資時, 我們也很常見到從眾行為的蹤跡。例如, 當某檔股票的
價格上升時, 投資人可能會因為看到其他人都在買進這檔股票, 而跟風買
進;同樣地, 投資人可能會因為看到其他人都在賣出某檔股票, 進而跟風
賣出。這種行為可能會放大市場的波動, 並導致投資者做出非理性的投資
決策。

技術分析的方法往往缺乏理論面的支持, 但自從行為財務學蓬勃發展後,
部分的技術分析方法漸漸能以行為財務學的角度來說明了。例如, 移動平
均線的穿越策略能用從眾行為來說明、展望理論可以說明為什麼散戶寧願
套牢也不願停損止血、RSI 指標則能反映當下的投資人情緒。藉由行為財
務學, 我們不僅能洞悉市場異常現象背後的成因, 也能在使用技術分析時
更有信心。

1.3 | AI 在股票投資中的定位

　　ChatGPT 的橫空出世，引爆全網，也讓全世界再度掀起 AI 的浪潮。那在投資領域中，AI 能夠扮演甚麼角色呢？

　　在本章中，我們介紹了許多重要的投資學理論，筆者希望能夠藉由這些概念，幫助讀者建立正確的投資觀念－**投資並不是人云亦云，應做好充分的準備、從不同的角度觀察，才能對趨勢有獨立思考的判斷**。雖然說起來很簡單，但股票那麼多支，誰有時間每天看各種財報、線圖或新聞？這就是 AI 能夠發揮所長的地方了，也是我們撰寫本書的初衷－**希望透過 AI 及程式自動化的方式，統整及分析海量數據，輔助我們進行投資決策**。換句話說，本書的重點並非教讀者如何使用 ChatGPT 賺錢，而是將語言模型的優點應用於複雜的量化財金數據中，從而幫助我們快速地統整資訊、分析文本，節省一一查閱各種股票資訊的時間。

　　在本書中，我們將透過後續 8 個章節，帶領讀者深入了解如何將 AI 應用至股票分析的領域，從基本的 API 串接、技術指標計算、股票回測、甚至是專業的投資建議分析，讓 AI 一手包辦過去需要花費大量時間與精力的工作。

　　從第 2 章開始，我們會詳細介紹如何串接 OpenAI API，建構自己的聊天機器人，帶領讀者慢慢熟悉 GPT 模型的操作。接下來，在第 3 章，雖然不會直接運用 AI，但我們會探討股票分析中不可或缺的一個環節－資料蒐集，讓讀者了解如何使用程式自動化的方式，更有效地收集財金資料，並作為後續選股分析的基礎。到了第 4 章，我們會介紹如何利用 AI 來生成程式碼，自動計算出複雜的技術指標和資料處理。除此之外，在這一章中，我們也會介紹如何將死板的股票數據換換成生動的視覺化圖表，並以 Dash 的視覺化框架來建立一個簡易的應用程式。在第 5 章中，我們將進一步發揮 AI 的潛力，讓它生成或改善技術指標的穿越策略，進行股票回測並提供策略建議。

進入第 6 章，我們會將多面向的資料（基本面、技術面及新聞）輸入至模型中，讓 AI 搖身一變成專業的個股分析師，從不同角度進行分析，提供全方位的分析報告。第 7 章則更進一步，將 LangChain 技術應用至年報分析中，打造出一個能夠自動分析年報的機器人，透過問答的形式，協助使用者迅速找到重要資訊。第 8 章的焦點則是在投資組合的建構上，並讓 AI 輔助進行選股策略的建議。最後，第 9 章為資金與風險管理的範疇，我們會從賭局中的下注金額開始說明，並將資金管理的方式加入到單一策略及投資組合中，最後讓 AI 給出風險建議。

　　近年來，隨著資訊的透明化與 AI 領域的不斷創新，過往需要投資團隊才能辦到的事，現在只需要一個人、一台電腦就能完成。對於像筆者這樣的小散戶來說，AI 能成為我們對抗市場主力與大型投資機構的重要武器。擁抱工具、善用工具，不僅能讓資料蒐集、分析的過程自動化，還可以幫助我們更好地瞭解市場動態、做出更明智的投資決策，讓小散戶也可以在股市的戰場上取得勝利！

CHAPTER

02

從零開始：用 OpenAI API 建構自己的 AI 機器人

OpenAI 在 2022 年年末推出的 AI 聊天機器人「ChatGPT」席捲全球，雖然過往有像類似 Siri 的聊天機器人，但是ChatGPT特別之處就在於使用了先進的「GPT 語言模型」，賦予它強大的文本分析能力。在本章中，我們會從 GPT 模型開始介紹，然後帶領讀者註冊 OpenAI 的 API，創建屬於自己的聊天機器人。

2.1 什麼是 GPT 模型？

　　現今 ChatGPT 的大名在媒體渲染之下已經家喻戶曉，背後所使用的就是「GPT」模型。我們知道「Chat」意思是聊天，但你知道「GPT」代表甚麼意思嗎？ GPT 的全名是 Generative Pre-trained Transformer，中文名稱叫做生成式預訓練轉換模型，是由人工智慧公司 OpenAI 所開發的自然語言處理模型，可以用於理解自然語言、文本分析、程式撰寫等多個自然語言處理能力。

 這是來台旅客人數的資料（按照居住地分），可以怎麼分析這份資料？

統計期間 合計 亞洲 香港、澳門 中國大陸 日本 美洲 歐洲 大洋洲　非洲 未列明
107年 11,066,707 9,845,761　1,653,654 2,695,615 1,969,151　732,478　350,094　121,697　12,037　4,640
108年 11,864,105 10,561,699 1,758,006　2,714,065　2,167,952 766,254　386,752　134,860　12,537　2,003
109年 1,377,861 1,183,987 177,654 111,050　269,659　106,117　59,512　22,606　2,502 3,137
110年 140,479　105,996　10,760　13,267　10,056　14,642　16,413 1,358　901　1,169
111年 895,962　696,792　32,621　24,378　87,616　108,842　65,990 14,920　3,410　6,008

 這是近五年來台旅客人數的資料，並根據旅客的居住地區分。在分析這份資料時，我們可以從以下幾個方面來進行：

1. **總體趨勢分析：**
   - 逐年總人數的變化：首先，從107年到111年，來台旅客的總數在109年和110年有明顯下降，可以進一步研究可能的原因（例如COVID-19疫情影響）。
2. **各區域旅客變化：**
   - 每個地區（如亞洲、美洲等）的逐年旅客人數趨勢。
   - 哪些地區在某些特定年份有異常增減，並探究可能原因。
3. **主要來源地區分析：**
   - 分析哪些國家或地區是主要的來台旅客來源，例如從資料中可以看出香港、澳門、中國大陸和日本等地的旅客人數較多。
   - 這些主要來源地的年度變動，例如從資料中可以看到中國大陸在109年的人數明顯減少。

▲ ChatGPT 不是只會聊天，還能進行數據或文本分析

以往的模型多半採用**監督式學習**，也就是用來訓練模型的大量文字資料 (術語稱文本)，都需要先經過專人整理成井井有條的語料庫，才能進行訓練。由於人工整理需要花費很多時間，可以使用的語料庫有所侷限，訓練出來的 AI 對話自然也比較生硬。而 GPT 模型採用**非監督式學習**先進行訓練，除了整理好的語料庫之外，也可使用未整理妥當的文本資料，大幅增加訓練資料的多元性，加上採用很有效率的處理架構，因此在各種自然語言處理 (NLP) 基準測試中都取得了飛躍性的突出成果。

> **TIP**
>
> **自然語言處理 (Natural Language Processing, NLP)**
>
> 自然語言 (Natural Language) 是人類為了溝通而創造出的語言，如英文、中文、日文等。而自然語言處理 (Natural Language Processing, NLP) 是一種機器學習技術，讓電腦能夠理解、解釋和使用人類語言。具體來說，包括對語音、文本、語言交互的分析和處理，目的在實現人機互動、機器翻譯、語音辨識、情感分析等應用。

接著我們從 GPT 的全名，進一步說明這個模型的獨到之處：

● **生成式 Generative：**

Generative 指的是模型的輸出是生成文字，GPT 模型訓練的目標要從龐大的資料中，嘗試找出自然語言詞彙在使用上的潛在規律，當輸入端給予一個句子或一段話，模型要能輸出接續在後面、最適當的文字內容。若將模型的生成內容再重新輸入並加入新的句子，會繼續輸出相關的內容，不斷來回就形成人機互動的對話應用。

● **預訓練 Pre-trained：**

由於訓練人工智慧模型需要大量的資料，並非任何特定任務都有足夠的資料量可以進行訓練，因此有分階段訓練的方式。先針對一般性需求訓練一個通用性的模型，然後在通用性的模型之上，再針對特定領域的需求，以少量資料進行微調 (Fine-tuning)，使模型能夠更好地完成該任務。而這類滿足通用性需求的大型模型，就稱為預訓練模型，更清楚來說應該是預先訓練好的通用模型。這就像是在大學的分科教育之前，要先進行中小學的基礎教育，具備了一般性常識之後再學習專業知識。而 GPT 使用大量的文本資料進行訓練，屬於自然語言的通用模型，名稱上加上 Pre-trained 這個詞彙，意味著只要是任何跟自然語言處理有關的任務，都可以在 GPT 模型之上進行微調再訓練。

● **Transformer：**

Transformer 是 GPT 模型所採用的神經網路架構，為 2017 年由 Google 提出的一種深度學習模型，主要應用於自然語言處理等序列資料類型（資料的前後順序有所關聯），該架構利用**自注意力機制** (Self-Attention Mechanism) 一次性捕捉序列中不同位置的依賴關係與重要性，有效解決序列資料太長時，無法保留前後關係的難題。每個詞彙可以各自套用自注意力機制，而產生跟其他詞彙不同的關聯性結果，Transformer 可以如同穿越多重宇宙一般，從不同的關聯性比對找出最適當的詞彙進行輸出。當字詞的上下文不同時，詞彙的關聯性會隨之調整，輸出內容也會反覆根據前文來產生文字，等於在原文和輸出之間來回檢視（因為上下文不斷變化）。而且因為自注意力機制可以分開運算，也有助於加速訓練模型所花費的時間。這些特色讓 Transformer 成為自然語言處理等序列資料領域的主流架構。

📊 什麼是 OpenAI API？為什麼需要串接？

簡單來說，OpenAI API 是一個提供開發人員使用 GPT 模型的接口。透過串接 API，我們可以將強大的語言模型整合到自己的應用程式中，幫程式裝上 GPT 的大腦，以達到各式各樣的功能。

ChatGPT 經過近一年的發展，許多開發商不斷地在測試其功能極限，也推出各式各樣的外掛。例如，統整影片資訊的 VoxScript、擴增聯網功能的

WebPilot、增強數學計算能力的 Wolfram... 等。但在投資領域中，則沒有屬於「台股分析」的外掛，所以我們需要串接 API，以達到**流程自動化**及**延伸資料範圍**的目的，建構屬於我們自己的股市分析機器人。

> **You**
> 請幫我分析和桐 (1714) 的近期趨勢
>
> **ChatGPT**
> 很抱歉，我無法提供即時的股票分析和趨勢，因為我的知識截止日期是2022年1月，無法訪問最新的股票市場資訊。要分析和桐 (1714) 或任何其他股票的近期趨勢，您應該考慮使用專業的金融工具和資源，或諮詢投資顧問。

▲ 網頁版 ChatGPT 的訓練資料只到 2022 年 1 月，無法根據最新的資訊來回答問題

> 🅰 kknono668 已使用 /stock_gpt
>
> **_bot** 機器人 今天 17:34
> 根據提供的資料，我們來分析和桐（1714.TW）的近期趨勢。
>
> 大盤趨勢：
> 根據大盤指數的資料，整體市場的趨勢是下跌。自112年7月10日以來，市場指數下跌了11.41點。
>
> 個股近期股價：
> 從個股的近期股價資訊中可以觀察到和桐股價的變化。從112年5月26日至112年7月10日，股價整體上呈現下跌的趨勢。在這段期間內，股價最高達到9.47元，最低為8.73元，現收盤價為8.74元。從這些數據可以看出，近期股價表現不穩定且呈現下跌趨勢。
>
> 近期基本面資訊：
> 根據提供的基本面資訊，和桐的最新股息為1.14元，市盈率（P/E）為25.71倍，股價淨值比率（PB_ratio）為0.71倍。從這些數據來看，公司的股息水平和市盈率相對穩定，然而，股價淨值比率較低，可能表示公司的股價高估或公司價值被低估。
>
> 近期新聞資訊：
> 根據提供的新聞資訊，我們可以了解到和桐近期的一些發展。公司的營收在112年5月下降了2.29億元，且該股票最近兩次呈現下跌。此外，根據新聞報導，該公司董事長續任，並有其他公司治理相關的宣布。
>
> 綜合分析：
> 從整體來看，和桐的股價近期呈現下跌趨勢。市場指數也呈現下跌趨勢，而且公司的基本面資料顯示股價淨值比率較低。同時，最近新聞中提到公司營收下降以及其他公司治理相關的消息。根據這些資訊，可以推測和桐的股價可能繼續下跌，但需要更多信息來確定股票的長期趨勢。

▲ 將 API 串接至我們自己的應用程式後，就能輸入自己的資料給 GPT 模型進行分析，讓 AI 搖身一變成專業的股票分析師

藉由串接 OpenAI API，我們可以更有效地發揮 GPT 模型的潛力。除了分析機器人之外，也能讓 AI 幫助我們自動進行資料處理、分析或對選股策略進行建議等等。

2.2 | 註冊 OpenAI API

在使用 OpenAI API 時，系統會透過一組金鑰來認證，所以**必須先註冊帳戶並建立金鑰**。另外，同一帳戶可以建立多個金鑰讓不同的應用程式使用，便於追蹤個別應用程式的 API 使用量。在本書中，我們只需要先建立一個金鑰即可。請先依照以下的步驟登入 OpenAI 開發者平台建立金鑰：

1 開啟以下網址：

```
https://platform.openai.com
```

2 登入或註冊 OpenAI 帳號：

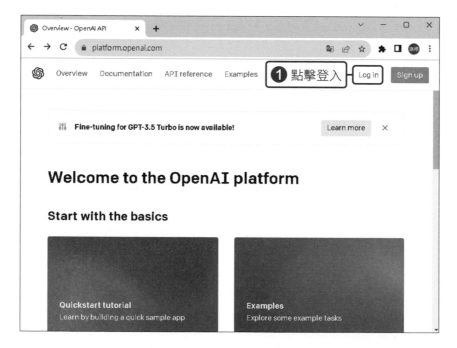

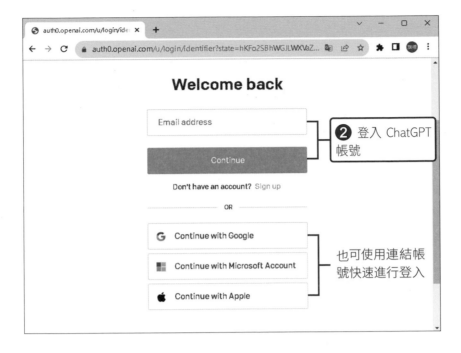

3 產生 API 金鑰：

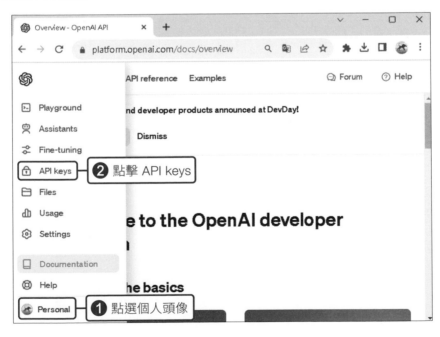

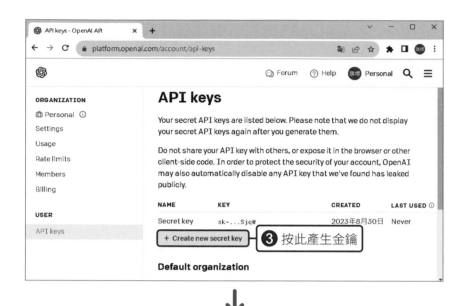

④ 輸入自定義的金鑰名稱

⑤ 確認

⑥ 按此複製至記事本或其它地方儲存

金鑰會顯示在此

⑦ 確認複製完成後關閉

TiP

注意！此金鑰只會在此交談框顯示，關閉後無法回查完整金鑰。請確認已經妥善記錄金鑰後再關閉交談框。

金鑰可以生成多組，並依個別流量來計費。若不慎真的遺忘金鑰，請依據以上步驟重新申請金鑰。

📊 查看 API 用量

對於 ChatGPT 的新註冊用戶，一開始都會贈送 5 美元的額度（有效期為 3 個月）。我們可以在網頁上查看目前用量：

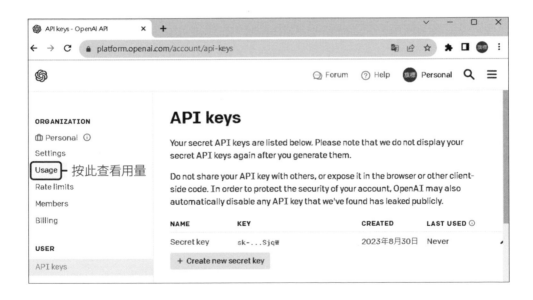

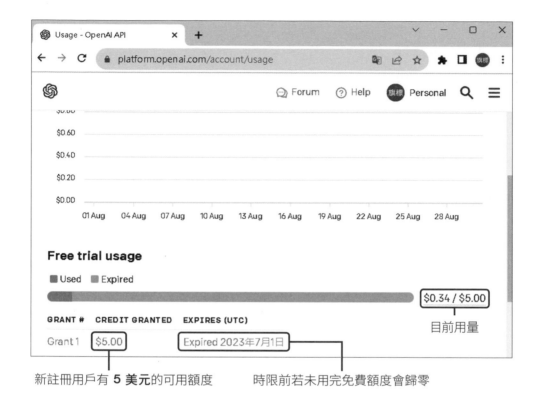

新註冊用戶有 **5 美元**的可用額度　　　時限前若未用完免費額度會歸零

GPT 模型版本與價格

　　OpenAI 提供許多種模型，供我們透過 API 進行串接。目前最主要的版本有 2 種，分別是 gpt-3.5-turbo 和 gpt-4 版本。在本書出版當下，可輸入 gpt-4-1106-preview 來搶先體驗最新版的模型。下表為這 2 種模型的主要差異：

模型	說明	可處理 tokens 數量 (1K = 1,000)	價格 (美元)	
			輸入	輸出
gpt-3.5-turbo	具有可處理文本及程式碼生成的能力	16K	$0.001/1K	$0.002/1K
gpt-4	gpt-3.5 的改良版, 參數更多、回答更精準	128K	$0.01/1K	$0.03/1K

　　除此之外，OpenAI 也提供了 DALL・3 的文字轉圖像模型、TTS 的文字轉語音模型、Whisper 的語音轉文字模型、Embeddings 的文字轉向量模型（於第 7 章會介紹）。

📑 什麼是 token？

簡單來說, 當模型對文本資料進行處理時, token 可被視為文本資料的最小辨識單位。這些單位可能是一個字、一個標點符號或其他任何符號, 也是在串接 API 時的計價標準。讀者可進入以下網址來觀察文字轉換成 token 的結果:

https://platform.openai.com/tokenizer

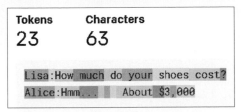

▲ 模型會將文本依據單字、標點符號、空格或其他符號拆解為 token

📊 免費額度用完了怎麼辦？

如果免費額度用完, 但仍想繼續使用 OpenAI API 的話, 可以依據以下步驟購買信用額度:

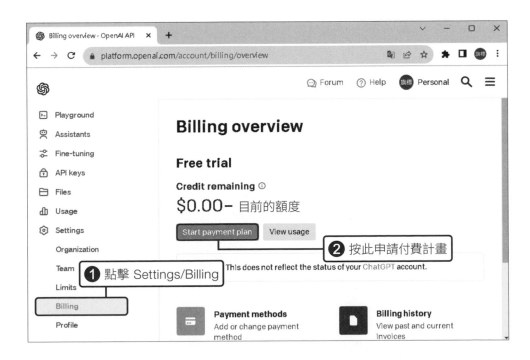

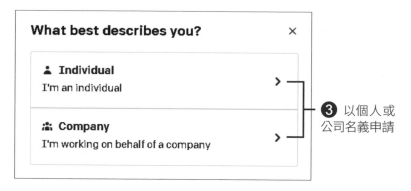

❸ 以個人或
公司名義申請

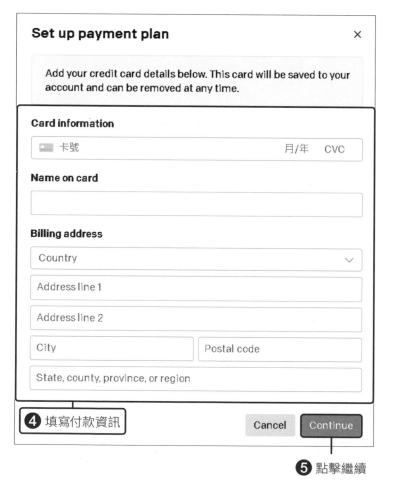

❹ 填寫付款資訊

❺ 點擊繼續

⑥ 輸入信用額度的購買金額
(可輸入 5 至 50 美元)

⑦ 點擊繼續後跳出確認
訊息, 完成確認即申請完成

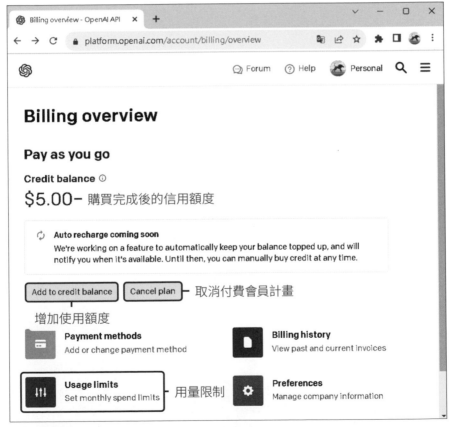

取消付費會員計畫

增加使用額度

用量限制

▲ API 的費用是用多少付多少, 成為付費會員後, 會消耗儲值的信用額度。若擔心 API 的使用量過高, 可以進入 Usage limits 來限制使用總量。

2.3　建構自己的 AI 機器人

在前面小節中，我們已經成功取得金鑰了。接著就讓我們來串接 API，建構自己的 AI 聊天機器人吧！在這個小專案中，我們會使用 Google Colab 來開發一個簡單的應用程式。請開啟以下網址：

```
https://bit.ly/stk_ch02
```

開啟後請執行『**檔案 / 在雲端硬碟中儲存副本**』功能表指令將這份筆記本儲存到你自己的雲端硬碟上。本書範例主要以 Colab 與 Replit 作為測試平台，減少因為 Python 環境差異造成的問題。

📊 使用 OpenAI API 官方套件

在 Python 中，OpenAI 所提供的套件名稱為 openai。請執行以下儲存格進行安裝：

1

```
1 !pip install openai # OpenAI 的官方套件
```

安裝完成後，即可匯入模組並設定金鑰。為了讓輸入的金鑰隱藏，我們使用 getpass 套件來隱藏金鑰。請執行以下儲存格來輸入前一小節中所取得的金鑰：

2

```
1 from openai import OpenAI, OpenAIError      # OpenAI 官方套件
2 import getpass                              # 保密輸入套件
3 api_key = getpass.getpass("請輸入金鑰: ")
4 client = OpenAI(api_key = api_key)          # 建立 OpenAI 物件
```

請輸入金鑰： ●●●●●●●●●●●●●●●●●●●●●●●●●●●●●

▲ 執行後會跳出輸入框，請輸入金鑰後
按 Enter 執行。與一般輸入框不同的是，
getpass 會將輸入內容隱藏，從而保護較
為隱密的訊息

建立 OpenAI 物件後，我們就可以透過 client.chat.completions.create() 函式
連線使用 API，並開始與 AI 交談了：

3

```
1 reply = client.chat.completions.create(
2     model = "gpt-3.5-turbo",
3     # model = "gpt-4",
4     messages = [
5         {"role":"user", "content": "你住的地方很亮嗎? "}
6     ]
7 )
```

client.chat.completions.create() 為串接 API 時所使用的函式，讓我們來詳細
說明其中兩個必要的參數：

● **model**：指定要採用的模型，本書範例均可使用 gpt-3.5-turbo 或是 gpt-
4 模型執行。但考慮到 gpt-4 費用較高，所以一般測試建議採用 gpt-3.5-
trubo 即可。

● **messages**：這是訊息串列，其中每個元素都是一個字典。字典中 "role"
項目是發言的角色，有 3 種角色可供選擇，分別是 "user"、"assistant" 或
是 "system"，可參考下表的說明；"content" 項目則是訊息的內容。

模型	說明
system	系統, 這個角色主要是描述 AI 所要扮演的特性, 例如我們可以讓它扮演投資顧問或是資料處理人員等等。
user	使用者, 也就是與 AI 對答的我們
assistant	助理, 也就是 AI 這一端

📊 檢視傳回物件

執行第 3 個儲存格後, 這個函式會傳回一個 OpenAIObject 類別的物件, 該物件具有類似字典的功能, 我們能以操作字典方式使用。請執行第 4 個儲存格, 來檢視 AI 的傳回物件:

4

▶ 1: print(reply)

🖥 執行結果:

```
ChatCompletion(
    id='chatcmpl-8I6vl5Xrc5c5ZLbNCBkvuSwu4yKKm',

    choices=[
        Choice(finish_reason='stop',
            index=0,
            message=ChatCompletionMessage(
                content='我是AI助手,沒有住的地方。但是通常...略,
            role='assistant',              API 回覆的訊息 ↗
            function_call=None,
            tool_calls=None))],

    created=1699327237,
    model='gpt-3.5-turbo-0613',    ← 實際使用的模型
```

NEXT

2-16

```
object='chat.completion',
system_fingerprint=None,
usage=CompletionUsage(
    completion_tokens=103,
    prompt_tokens=21,
    total_tokens=124        ← 本次 tokens 用量
    )
)
```

讓我們一一詳解這個物件中的資訊：

● **id**：為交談訊息的唯一編碼，每次串接 API 時都會對應一個唯一 ID。

● **choices**：為一個串列，串列中的 "message" 代表 API 回覆的訊息，結構
如同傳給 API 的訊息。另外，"content" 項目的內容在遇到非 ASCII 字元
（例如，中文字）時會以 "\u"+Unicode 編碼的格式表示，所以可以看到中
文字會轉換為 \u6211\u4f4f\u5728\... 的格式。

在正常狀況下，"finish_reason" 會顯示 stop，代表正常結束。若顯示為
length 則代表內容長度超過 token 限制。

● **object**：此物件的回傳類型，完成交談時，會以 "chat.completion" 呈現。

● **created**：時間戳記，代表此物件所生成的時間點。

● **model**：串接 API 時所使用的模型，後面的數字代表目前最新的穩定
版本。

● **usage**：表示本次 API 的 token 用量，個別項目為：

項目	說明
prompt_tokens	輸入訊息的 tokens 數
completion_tokens	回覆訊息的 tokens 數量
total_tokens	總 tokens 數量

若要僅檢視回傳的訊息內容，可以執行第 5 個儲存格：

```
1 print(reply.choices[0].message.content)
```

🖥 執行結果：

> 我是一个人工智能，并没有居住在实际环境中，所以无法回答你这个问题。

　這樣就完成與 AI 的第一次對話了！但因為並未設定 AI 的特定角色，所以它無法回答我們的問題。在下一個小節中，我們可以為 AI 設定一個特定的角色或人格，讓它依據設定進行回答。

Ⓣⓘⓟ

傳送中文提示給模型時，若沒有添加額外的指示強制使用繁體中文，有很高的機率會以簡體中文回覆。若希望模型使用繁體中文來回答，我們可以在 content 中加上「reply in 繁體中文」。

📊 設定 AI 角色

　若希望設定 AI 角色的話，需要在訊息中加上 system 的設定，讓我們來看看是否能發揮作用吧。請執行第 6 個儲存格：

6

```
1 reply = client.chat.completions.create(
2     model = "gpt-3.5-turbo",
3     messages = [                        加入角色設定 ↘
4         {"role":"system", "content":"你是隻住在外太空的猴子"},
5         {"role":"user", "content": "你住的地方很亮嗎? reply in 繁體中文"}
6     ]
7 )
8
9 print(reply.choices[0].message.content)
```

🖥 執行結果：

是的，我住在外太空的太空船上，周圍非常亮，因為我們經常被星星和行星的亮光照耀。除了天空的亮度，太空船內也有很多燈光，讓我們能夠清楚地看到周圍的事物。

我們可以看到 API 的回覆內容的確有參照指示，扮演一隻外太空的猴子。在後面的章節中，我們會很常使用到這個功能，讓 AI 扮演投資顧問專家或是 Python 程式碼工程師。

📊 簡易的對談程式

為了方便撰寫聊天程式，所以我們將 openai 模組互動的部分獨立成 get_reply() 函式。請先執行第 7 個儲存格：

7

```python
1 def get_reply(messages):
2     try:
3         response = client.chat.completions.create(
4             model = "gpt-3.5-turbo",
5             messages = messages
6         )
7         reply = response.choices[0].message.content
8     except OpenAIError as err:
9         reply = f"發生 {err.type} 錯誤\n{err.message}"
10    return reply
```

這個函式很簡單，只要傳入訊息串列，它就會送給模型，並且從模型的回覆中取得文字內容後返回。它同時也加上了簡易的錯誤處理，在發生錯誤時傳回錯誤類型與原因組成的文字。

接著我們就可以利用簡單的迴圈，設計一個文字模式的聊天程式，請執行下一個儲存格：

8

```
1  while True:
2      msg = input("你說：")
3      if not msg.strip(): break
4      messages = [{"role":"user", "content":msg}]
5      reply = get_reply(messages)
6      print(f"ㄟ唉: {reply}\n")
```

這個程式利用 input() 函式接收輸入語句，並且會在直接按 Enter 或是輸入資料是空白時跳出迴圈停止聊天。你可以跟它聊聊看：

你說：台灣在哪裡？
ㄟ唉：台灣位於亞洲東南沿海，東鄰太平洋，西隔臺灣海峽與中國大陸相望，北濱東海，南界巴士海峽，地理位置約在菲律賓以北、華南沿海以東。

你說：面積有多大？　　　　　　　　　← 輸入訊息
ㄟ唉：請提供具體的參考資料或背景，例如要求計算哪個區域的面積，或是提供相關的長度或尺寸資訊，才能幫助回答您的問題。　← AI 回覆

▲ 這個簡單的程式無法接續對話，AI 並未記錄先前的對話

你可能已經發現到，雖然可以對答聊天，不過因為模型並沒有對答過程的資料，所以每次問答都是獨立的。在這個例子中，雖然一開始問它有關台灣的問題，但是第二次詢問時，它並沒有依循前面的脈絡，完全不知道我們問的是台灣的面積。

📊 記憶對話紀錄

為了讓聊天程式可以保持脈絡，必須將對答過程也送回去給模型，才能讓模型擁有記憶適當的回答。以下我們預計簡單地使用串列來記錄對答過程。我們在原本的 get_reply() 函式外再包裝一層，加上記錄對答過程的功能。請執行以下的儲存格定義這個新函式 chat():

```
 1 hist = []                              # 歷史對話紀錄
 2 backtrace = 2                          # 記錄幾組對話
 3
 4 def chat(sys_msg, user_msg):
 5     hist.append({"role":"user", "content":user_msg})
 6     reply = get_reply(hist
 7                        + [{"role":"system", "content":sys_msg}])
 8     while len(hist) >= 2 * backtrace:  # 超過記錄限制
 9         hist.pop(0)                    # 移除最舊紀錄
10     hist.append({"role":"assistant", "content":reply})
11     return reply
```

● 第 1 行：建構空串列，來記錄對答過程。

● 第 2 行：這裡假設只會記錄 2 組對答過程，也就是問答兩次的內容，如果你希望模型可以記得更多，可自行修改這個數字。

● 第 4 行：多加了一個參數，可以指定系統訊息的內容。

● 第 5 行：會把最新輸入的使用者訊息加入歷史紀錄。

● 第 6~7 行：將目前的歷史紀錄加上系統訊息後送給模型並取得回覆。

● 第 8~10 行：將剛剛取得的回覆加入歷史紀錄中，必要時會把最舊的訊息從歷史紀錄中移除。

　　定義好這個函式後，我們也順便修改一下聊天程式，請執行下一個儲存格使用會記錄對答過程的聊天程式：

10

```
 1 sys_msg = input("你希望ㄟ唉扮演: ")   ← 請使用者輸入要讓 AI 扮演的角色
 2 if not sys_msg.strip(): sys_msg = '小助理'
 3 print()                            ↖ 若未輸入角色, 預設為「小助理」
 4 while True:
```

NEXT

```
5      msg = input("你說: ")
6      if not msg.strip(): break
7      reply = chat(sys_msg, msg)          ← 紀錄聊天過程的 chat() 函式
8      print(f"{sys_msg}:{reply}\n")       ← 用 f 字串來顯示扮演的角色
9 hist = []                                ← 結束程式時, 清空對話紀錄
```

　　利用這個簡單的機制, 我們的聊天程式就不再是金魚腦, 會記得剛剛聊過什麼了。現在讓我們再試看看:

你希望ㄟ唉扮演: 地理大師

你說: 台灣在哪裡?
地理大師: 台灣位於亞洲東南部, 東經 120°至 124°、北緯 20°至 25°之間, 地處太平洋及菲律賓海板塊交會的邊緣地帶。台灣西濱台灣海峽, 與中國大陸相望, 東濱太平洋, 南濱巴士海峽, 與菲律賓以及東南亞國家接壤。整個台灣地形多山丘及山脈, 且地勢高低起伏, 著名的山脈有中央山脈和雪山山脈等。台灣的尺寸大約為沙特阿拉伯的 1/46。

你說: 面積有多少?
地理大師: 台灣的總面積約為 36,193 平方公里 (13,974 平方英里)。

▲ 這樣 AI 就可以依照訊息脈絡來進行回答了!

　　利用這樣簡單的作法, 就可以讓模型擁有記憶, 不過還是要提醒的是, 想要記得多, 可以調整 backtrace 的數值, 但相對的傳送的提示內容也會變多, 費用自然會提高。

📊 加入搜尋功能

　　由於 GPT 模型的訓練資料只到 2021 年 9 月, 所以無法回答超過時間的事實, 像以下這個例子, 模型無法回答「2023 年的 NBA 隊冠軍」。為了解決這個問題, 我們需要提供額外資訊並輸入到模型中。

你說：2023 的 NBA 冠軍隊是誰？
小助理：很抱歉，作為 AI 助理，我無法預測未來的事件，包括 NBA 冠軍隊的結果。這需要等到 2023 年的比賽結束後才能確定。請留意 NBA 賽季的進展以獲得最新資訊。

▲ 模型無法回答超過 2021 年 9 月的事實

　　在這一小節中，我們會使用 googlesearch-python 套件，它會以網頁爬蟲的方式幫我們擷取 Google 搜尋的結果，並且整理成簡易的格式。首先執行下一個儲存格安裝此套件：

11

```
1 !pip install googlesearch-python
2 from googlesearch import search
```

　　只要使用 search() 函式並輸入關鍵字，就可以取得 Google 的搜尋結果了！另外，這個函式預設僅會回傳網址連結，我們需要啟用進階模式，才能取得每一筆搜尋結果的標題和摘要內容。請執行以下儲存格：

12

```
1 for item in search(           ↙ 啟用進階模式以傳回標題、摘要、網址
2     "NBA 2023 冠軍隊", advanced=True, num_results=3):
3     print(item.title)         # 印出標題            ↖ 搜尋結果數
4     print(item.description)   # 印出摘要
5     print(item.url)           # 印出網址
6     print()
```

🖥 執行結果：

2023 年 NBA 總決賽 - 維基百科　← 標題
2023 年 NBA 總決賽（英語：2023 NBA Finals）是 2022–23 NBA 賽季的冠軍系列賽，將由 2023 年 6 月 1 日至 6 月 12 日進行，由西區第一種子丹佛金塊對戰東區第八種子邁阿密熱火，比賽 ...　　　← 摘要
https://zh.wikipedia.org/zh-hant/2023%E5%B9%B4NBA%E7%B8%BD%E6%B1%BA%E8%B3%BD　　　← 網址

NEXT

2023NBA 總冠軍賽程：G5「金塊 94：熱火 89」金塊抱得總冠軍 ...
Jun 12, 2023 ─ 2023NBA總冠軍賽程：G5「金塊 94：熱火 89」金塊抱得總冠軍獎杯！
每日賽程、直播、線上看、即時比分 ·【2023 NBA季後賽直播】·【2023 NBA總決賽賽程】.
https://www.womenshealthmag.com/tw/fitness/work-outs/g43820597/2023-nba/

　　googlesearch-python 套件是採用網頁爬蟲的方式，從 Google 傳回的搜尋結果網頁中爬取所需要的內容。不過 Google 搜尋原本是假設使用者透過瀏覽器操作，網頁爬蟲方式並不是 Google 認可的正式用法，如果 Google 檢測出你的程式在短時間內頻繁送出搜尋請求，不是正常使用者會出現的操作方式，會依據 IP 位址封鎖一小段時間，從該 IP 送出的搜尋請求會直接送回 HTTP 錯誤狀態碼 429：

429 Client Error: Too Many Requests for url: https://www.google.
com/sorry/index?continue=https://www.google.com/search....

　　接著，在下一個儲存格中，我們將 chat() 函式改寫，新增 search_g 參數來決定要不要進行 Google 搜尋，請執行儲存格定義新的 chat_w() 函式：

13

```
1 hist = []                      # 歷史對話紀錄
2 backtrace = 2                  # 記錄幾組對話
3
4 def chat_w(sys_msg, user_msg, search_g = True):
5     web_res = []
6     if search_g == True: # 代表要搜尋網路
7         content = "以下為已發生的事實: \n"
8         for res in search(user_msg, advanced=True,
9                           num_results=5, lang='zh-TW'):
10             content += f"標題: {res.title}\n" \
11                        f"摘要: {res.description}\n\n"
12         content += "請依照上述事實回答問題 \n"
13         web_res = [{"role": "user", "content": content}]
14     web_res.append({"role": "user", "content": user_msg})
```

NEXT

```
15    while len(hist) >= 2 * backtrace:      # 超過記錄限制
16        hist.pop(0)                          # 移除最舊的紀錄
17    reply_full = ""
18    for reply in get_reply(
19        hist                                 # 先提供歷史紀錄
20        + web_res                            # 再提供搜尋結果及目前訊息
21        + [{"role": "system", "content": sys_msg}]):
22        reply_full += reply                  # 記錄到目前為止收到的訊息
23        yield reply                          # 傳回本次收到的片段訊息
24    hist.append({"role": "user", "content": user_msg})
25    while len(hist) >= 2 * backtrace:      # 超過記錄限制
26        hist.pop(0)                          # 移除最舊紀錄
27    hist.append({"role":"assistant", "content":reply_full})
```

● 第 5 行：定義了一個新的串列 web_res, 用來放置稍後從搜尋結果整理好的訊息。

● 第 6 行：判斷 search_g 參數是否為 True, 來決定要不要加入 Google 搜尋的結果。

● 第 8~12 行：會以使用者輸入的內容當關鍵字進行搜尋, 並將搜尋結果加入到 content 中。

● 第 13 行：會把剛剛整理好的搜尋結果變成一筆 user 角色的訊息。

● 第 14 行：會把使用者的輸入內容加入搜尋結果結合成兩筆 user 角色的訊息。

● 第 19~22 行：依照歷史紀錄、搜尋結果、使用者輸入、系統訊息的順序送給 API 處理。這個順序也很重要, 因為越久遠的訊息權重越低, 調動順序的話, 就可能會發生搜尋結果不受重視, 無法正確回覆的狀況。

● 第 23 行：使用 yield 來讓 chat_w() 函式成為 generator, 並回傳每次所收到的訊息。

現在就可以執行下一個儲存格進行測試：

14

```
 1 sys_msg = '小助理'
 2
 3 while True:
 4     msg = input("你說: ")
 5     if not msg.strip(): break
 6     print(f"{sys_msg}: ", end = "")
 7     for reply in chat_w(sys_msg, msg, search_g = True):
 8         print(reply, end = "")
 9     print('\n')
10 hist = []
```

🖥 執行結果：

你說：2023 年的 NBA 冠軍隊是誰？ reply in 繁體中文
小助理：根據所提供的資訊，2023 年的NBA冠軍是丹佛金塊隊。

▲ AI 可以順利回答超過訓練時間的資訊了！

　　在這一章中，我們不僅學會如何串接 OpenAI API, 更成功建構屬於自己的聊天機器人了！而接下來，我們將循序漸進地開發 GPT 模型的潛能，並在第 4 章中再次串接 GPT 模型，讓 GPT 模型幫我們自動進行股票資料的處理與計算技術指標。

03

股市資料蒐集、爬蟲與
搭建資料庫

在本章中，我們會探討在分析股票時常用的資料類型，幫助讀者
能夠掌握每種資料類型的使用時機。接著，我們會介紹取得股
票資訊的各種方法，其中包含使用各種 Python 套件輕鬆取得所
需資料，以及透過網路爬蟲，從證交所或其他股市資訊網站抓
取資料的方法。在本章的最後，我們會介紹如何設計與建構一
個資料庫，讓之後分析股票時能夠更有效地處理大量數據。

3.1 | 分析股票時常用的資料類型

在分析股票數據時，我們通常會將資料型態分為**時間序列資料 (time series data)** 與**截斷面資料 (cross-sectional data)** 兩種。在股票分析中，時間序列資料指的是在連續時間段，對某一間公司的觀察資料，例如：台積電股票的每日收盤價；而截斷面資料則是在「特定時間點」對公司的觀察資料，方便使用相對評價法來比較多個公司的價值，例如：公司損益表、資產負債表、年營收等。

📊 時間序列資料 (time series data)

時間序列資料能按照時間順序收集、記錄或觀察某種現象或事件的數據，可以根據不同的時間間隔（如每小時、每天、每月）進行記錄。這類資料有幾個特點：

1. 具有**時間相依性 (Temporal Dependency)**，意思是過去的數值會影響未來的數值。

2. 收集或記錄的時間間隔可能不一致，包含趨勢、季節性和周期性等特徵。

時間序列資料用在技術分析時，有助於我們瞭解股市或股票的變化趨勢、季節性變動以及週期性變化，這些分析結果可應用於預測未來數值，進而作出相應的決策。時間序列資料有助於我們使用運用不同的方法分析。例如，計算移動平均、指數平滑、ARIMA 模型（自迴歸整合移動平均模型），或者是使用機器學習或類神經網路來分析，如 XGBoost、遞迴神經網路 (RNN) 和長短期記憶網路 (LSTM)。

我們可以依照時間頻率來劃分不同的時間序列資料，例如年頻、季頻、月頻、日頻，甚至是每筆下單的日內資料，讓我們簡單做個介紹：

季頻資料

　　季頻資料是指以每季為時間間隔的時間序列資料,數據會按照各季度的時間單位進行記錄。各公司通常會每季統整一次報表,相較於年頻資料來說,季頻資料能更及時地反映公司的營運狀況。

股票代號	年度/季度	總資產	總負債	營業收入	營業費用
2330	2023 Q2	5,149,465	1,943,996	480,841	58,194
2330	2023 Q1	5,045,844	1,952,946	508,632	55,309
2330	2023 Q4	4,964,778	2,004,290	625,531	64,535
2330	2023 Q3	4,643,301	1,890,985	613,142	60,186

(單位:百萬)

▲ 季頻資料有助於分析各季節的趨勢或變化,並依相對評價法來比較不同公司的差異

日頻資料

　　日頻資料是指以每一天為時間間隔的時間序列資料,數據會按照每天設定的時間單位進行記錄,可以用來分析每天變化的趨勢、週期性或特定日期的影響等,這也是本書主要使用的資料頻率。

股票代號	日期	開盤價	最高價	最低價	收盤價	成交量
2330	2023/09/05	553	555	550	552	12,220,686
2330	2023/09/06	556	556	550	550	14,067,008
2330	2023/09/07	546	548	542	542	20,717,005
2330	2023/09/08	535	540	535	539	15,283,568

▲ 日頻資料的取得相對容易,也能進行波段的趨勢分析

日內資料

　　日內資料是指在一天 24 小時中收集的時間序列資料,數據會按照每一天內的時間單位(例如分鐘、秒或每筆下單)進行記錄。以股市交易來說,通常可以看到每天早上開盤和下午的收盤最活躍,而中午休息時間的交易較為平緩,呈現一個 U 型走勢。

股票代號	證券商代號	委託日期	時間	委託價格	股數	買賣方向
2330	9K9A	2023/09/08	10:00:53	542	1,000	買
2330	989K	2023/09/08	10:00:58	546	800	買
2330	700a	2023/09/08	10:01:13	554	1,485	買
2330	6012	2023/09/08	10:01:15	542	3,000	買

▲ 每小時 K 線、10 分 K、5 分 K、甚至是即時的下單資訊都屬於日內資料

由於日內資料具有高頻率的特色和大量的數據，在分析上的複雜程度會增加 (尤其是委託檔或成交檔的 Tick Data)。另外，資料的取得也較為困難，歷史資料要跟證交所購買，所費不貲 (成交檔或委託檔的歷史資料價格為 1 萬元/月)；即時資料則需要串接卷商 API。除非你是專職的程式交易員，否則**不建議**用日內資料進行分析。

📊 截斷面資料 (cross-sectional data)

截斷面資料是一種包含多個公司在「特定時間點」上的資料形式（如公司資產、負債、年營收、ROE 等）。以股市分析來說，截斷面資料能夠方便我們比較不同公司在同一時間內的差異。

股票代號	公司名稱	上市日期	營收淨額 (百萬)	稅後純益	EPS	ROE
2330	精華光學	2004/3/30	5,003	1,019	20.21	3.76%
1762	中化合成	2010/12/20	2,117	466	6.01	5.43%
4737	華廣生技	2010/12/23	2,211	92	1.5	-0.25%
6446	藥華藥	2016/7/19	2,882	-1,375	-4.84	-6.06%

▲ 以 2022年為例，截斷面資料可以很清楚地觀察各公司的營運狀況

通常來說，如果要自行搭建股市資料庫，會將截斷面資料與時間序列資料整合在一起，稱為**橫截面資料**或**面板資料 (panel data)**，優點在於可以同時進行橫向和縱向的分析，也是常用的資料型態。若要觀察單一公司的價格趨勢，就依據股票代號來取出特定資料；若想觀察各公司在某年度的差異，就依據特定年份或日期取出多個公司的資料。

在本節中，我們簡單地介紹了各種資料結構與使用時機。希望讀者在未來面對到不同的研究議題時，能在腦海勾勒出所需的資料樣貌、迅速找到適合的資料結構，進而減少資料處理時的複雜性。

3.2 網頁爬蟲

目前有許多股市分析的網頁提供了各種股票相關資料，供使用者下載。但是，如果每天手動下載這些資料，不但麻煩也會浪費一大堆時間。在需要獲取大量資料的情況下，我們建議**透過程式將資料蒐集的過程自動化**，這樣獲取的資料不但更即時、省去時間上的浪費，也是本章中想要傳遞給讀者的核心概念。

目前顯示項目 ： 全部類股 – 半導體業 (共計174筆)																

資料顯示依據 ： 交易狀況-成交資料 ∨	日 ∨	最新資料 ∨

報表匯出功能 ： 匯出XLS	匯出CSV	匯出HTML

代號	名稱	市場	股價日期	K線	成交	漲跌價	漲跌幅	成交張數	成交額(百萬)	昨收	開盤	最高	最低	振幅(%)	PER	PBR
2302	麗正	市	09/05	⊥	**18.15**	0	0	272	4.96	18.15	18.15	18.5	18	2.75	22.4	1.74
2303	聯電	市	09/05	┬	**46.55**	+0.55	+1.2	31,988	1,478	46	46.15	46.55	45.8	1.63	7.38	1.78
2329	華泰	市	09/05	▬	**45.05**	+0.8	+1.81	15,023	676	44.25	44	45.65	44	3.73	23.6	3.34
2330	台積電	市	09/05	─	**552**	-5	-0.9	14,337	7,912	557	553	555	550	0.9	14.8	4.49

▲ 範例為 Goodinfo 網站，使用者可以手動下載股市資料

為了達到資料蒐集自動化的目標，我們可以使用網頁爬蟲的方式來取得資料，或是直接使用套件來串接其他高手搭建好的資料庫（如：yfinance、finmind、finlab 等）。在本章中，我們會著重介紹這兩種取得股市資料的方法，接下來，讓我們先從網頁爬蟲開始吧！

網頁爬蟲 (Web Crawler) 指的是自動抓取網站內容的程式，透過解析網頁，我們可以提取出所需的股市資料，並將其儲存在資料庫中。這樣一來，我們就能夠隨時提取資料並分析，無需反覆手動操作，不僅能縮短抓取資料的時間、提供即時性，這對於瞬息萬變股票市場至關重要。

📊 用 requests 取得證交所資料

若要取得個股資料，我們可以爬取 Yahoo 股市或台股資訊網等知名網站。但是，這些網站通常會有許多的防爬蟲機制，進而增加取得資料的困難度。就算我們成功地抓取到資料，這些網站上的資料格式也常常會更動，導致我們必須不斷地修改我們的程式碼，以符合新的資料格式。

相對於其他財經資訊網站，**台灣證券交易所 (TWSE)** 所提供的資料格式較為穩定，我們也不用頻繁地修改程式碼。所以在這節中我們會以抓取證交所資料為例。

▲ 證交所提供多種證券交易的資訊，供使用者查閱

取得證交所資料網址

為了取得證交所資料，我們需要先取得資料的請求網址，請依照以下步驟：

1 輸入證交所網址：

```
https://www.twse.com.tw/zh/index.html
```

2️⃣ 點擊所需資訊 (以個股日成交資訊為例)：

↓

3️⃣ 進入至此畫面後，按一下鍵盤上的 F12，進入瀏覽器的開發者工具 (此為 Windows 版本的操作方式)

3️⃣ 使用開發者工具來查詢資料的請求網址：

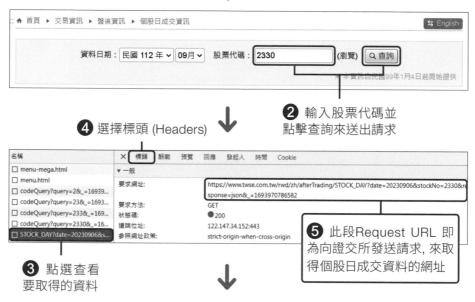

❷ 輸入股票代碼並
點擊查詢來送出請求

❹ 選擇標頭 (Headers)

❸ 點選查看
要取得的資料

❺ 此段Request URL 即
為向證交所發送請求, 來取
得個股日成交資料的網址

▲ 在回應 (Response) 頁面中, 可以看到回傳的
JSON 資料格式, 這就是要取得的資料

取得個股日成交資料

有了請求網址後，我們就可以透過程式來取得證交所資料了！請讀者先開啟本章的 Colab 網址並複製副本到自己的雲端硬碟：

```
https://bit.ly/Stk_ch03
```

我們將使用 Python 內建的 requests 套件，主要用於處理 HTTP 的請求和回應，請執行第 1 個儲存格來匯入相關套件：

1

```
1 import requests        ← 請求方法
2 import pandas as pd     ← 資料處理
3 import datetime as dt   ← 時間處理
4 from dateutil.relativedelta import relativedelta
```

這邊以台積電 2330 為例。請執行下一個儲存格來取得資料：

2

```
1 #輸入股票代號
2 stock_id = '2330'
3 #當日時間
4 date = dt.date.today().strftime("%Y%m%d")
5
6 #取得證交所網站資料
7 stock_data = requests.get(f'https://www.twse.com.tw/rwd/zh/ \
8           afterTrading/STOCK_DAY?date={date}&stockNo={stock_id}')
9 json_data = stock_data.json()          ← 上一小節所取得
10 df = pd.DataFrame(data=json_data['data'],      的請求網址
11               columns=json_data['fields'])
12 df.tail()
```

讓我們先從最簡單的程式開始介紹吧。首先，我們會先確認目前的系統時間，以抓取到最新的當月份資料。接著，使用 requests 中的 GET 方法，

向證交所取得個股的每日價格資料。這個方法會建立一個 JSON 格式的
Response 物件，然後我們會用物件中 json() 屬性來解析伺服器回應的訊息
資訊。以下為程式碼詳解：

- 第 7 行：將 stock_id 和 date 代入證交所的資料網址中（此網址的取得
  方式可以參考上一小節）。接著，使用 requests.get() 方法向證交所的資
  料網址發送請求，並取得所回應的 Response 物件。

- 第 9 行：使用 json() 屬性取得 JSON 格式資料。

- 第 10 行：使用 Pandas 建立 DataFrame 表格，從 Json 資料中取得 'data'
  和 'fields' 分別做為數據和欄位，最後呈現結果。

🖥 執行結果：

	日期	成交股數	成交金額	開盤價	最高價	最低價	收盤價	漲跌價差	成交筆數
0	112/08/01	18,916,866	10,711,815,419	565.00	568.00	564.00	567.00	+2.00	13,827
1	112/08/02	34,495,766	19,394,908,189	567.00	569.00	558.00	561.00	-6.00	34,408
2	112/08/04	29,320,685	16,266,624,892	556.00	560.00	552.00	554.00	-7.00	47,739
3	112/08/07	15,607,870	8,719,529,904	558.00	561.00	556.00	558.00	+4.00	13,239
4	112/08/08	21,167,596	11,708,530,913	558.00	558.00	551.00	552.00	-6.00	33,867
5	112/08/09	15,088,059	8,355,524,852	550.00	557.00	550.00	554.00	+2.00	14,590
6	112/08/10	18,884,431	10,418,779,108	552.00	554.00	550.00	551.00	-3.00	21,572
7	112/08/11	24,816,095	13,663,661,565	556.00	558.00	546.00	546.00	-5.00	33,682

▲ 使用爬蟲程式時可以搭配 DataFrame 比較好觀察結果，讀者可以嘗試更換月份或是股
票代碼並觀察結果

Tip

在抓取證交所的個股日成交資料時，會一次取得當月份的所有資料，舉例來說，輸入
20230811 會取得 8 月份的所有資料。

抓取連續月份的資料

在上一個儲存格中，我們成功地抓取了特定月份的資料，但如果要取得長期的資料要怎麼做呢？我們可以建立一個日期串列，利用迴圈的方式連續送出請求，請執行下一個儲存格並觀察結果（此程式以抓取日本益比資料為例）：

3

```python
1  # 設定抓取幾個月資料
2  month_num=3
3  date_now = dt.datetime.now()
4
5  # 建立日期串列
6  date_list = [(date_now - relativedelta(months=i)).replace(day=1).\
7              strftime('%Y%m%d') for i in range(month_num)]
8
9  date_list.reverse()
10 all_df = pd.DataFrame()
11
12 # 使用迴圈抓取連續月份資料
13 for date in date_list:
14   url = f'https://www.twse.com.tw/rwd/zh/afterTrading/\
15       STOCK_DAY?date={date}&stockNo={stock_id}'
16   try:
17     json_data = requests.get(url).json()
18     df = pd.DataFrame(data=json_data['data'],
19                 columns=json_data['fields'])
20     all_df = pd.concat([all_df, df], ignore_index=True)
21   except Exception as e:
22     print(f"無法取得 {date} 的資料，可能資料量不足.")
23
24 all_df.head()
```

（第 15 行旁註）↖ 日本益比的 請求網址

在以上程式中，我們建立了一個迴圈來取得連續月份的資料，並將原先抓取股價資料的請求網址替換成日本益比。讀者可以依樣畫葫蘆地使用此方式來取得證交所的任意資料。以下為程式碼詳解：

- 第 2 行：建立一個變數，設定抓取「幾個月」的資料。

- 第 6 行：使用 relativedelta() 函式減去相應的月份，並建立日期串列。

- 第 13~22 行：此段 for 迴圈會將請求網址的 date 進行替換，以抓取不同月份的資料，最後使用 pd.concat() 來將表格資料彙總。

💻 執行結果：

	日期	殖利率(%)	股利年度	本益比	股價淨值比	財報年/季
0	112年07月03日	1.90	111	14.71	4.88	112/1
1	112年07月04日	1.88	111	14.86	4.93	112/1
2	112年07月05日	1.89	111	14.79	4.90	112/1
3	112年07月06日	1.95	111	14.35	4.76	112/1
4	112年07月07日	1.95	111	14.35	4.76	112/1

▲ 可以嘗試更換月份數或是股票代碼並觀察結果

TiP

注意！如果過度頻繁爬取證交所資料會被偵測並鎖住 IP，筆者測試為連續爬取 50 次就會被鎖住。可以使用 time 套件的 sleep 來延遲回應時間。例如，time.sleep(5) 暫停 5 秒鐘再繼續執行，以避免被認為是機器人程式。

　　在這一小節中，我們學會了如何取得證交所網站的資料，操作完這兩個例子是不是覺得取得股票資料變得容易了呢？但證交所所提供的資料也不是面面俱到，部分資料可能還是要靠其它知名的股市網站來取得。但是，這些網站通常不會直接提供能夠串接請求的 JSON 格式的資料，那該怎麼辦呢？在下一小節中，我們將教大家如何使用 BeautifulSoup4 來解析網頁的 HTML 結構以及元素。

　　接下來，我們將以 Yahoo 股市台積電網頁作為範例，請先依照下面步驟來觀察 Yahoo 的網頁結構：

1 輸入https://tw.stock.yahoo.com/ 進入 Yahoo 股市

2 輸入要查詢的股票代號

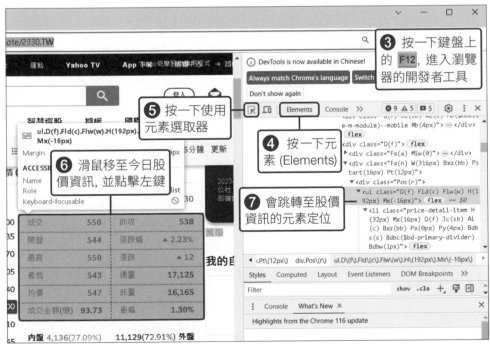

3 按一下鍵盤上的 F12，進入瀏覽器的開發者工具

4 按一下元素 (Elements)

5 按一下使用元素選取器

6 滑鼠移至今日股價資訊，並點擊左鍵

7 會跳轉至股價資訊的元素定位

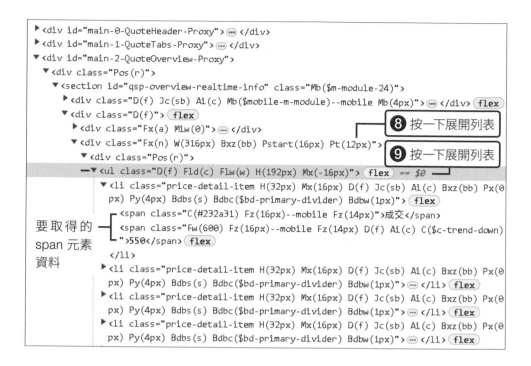

最後會出現 span 元素，當中的內容就是我們要取得的資料。相信對於第一次看到 HTML 結構的人一定霧煞煞看不懂，讓我們用以下元素進行説明：

```
<span class="C(#232a31) Fz(16px)--mobile Fz(14px)">成交</span>
```
起始 ↗   ↖ 屬性值   內容 ↗   ↖ 結束標籤
標籤

上方程式碼是網頁中的一小段元素，可以看到其中用角括號 <> 包住的稱為標籤，裡面會有屬性值，一個完整的標籤會有起始標籤和結束標籤，在這兩個標籤之中的就是內容，由這三個元件組成的區塊稱為一個 HTML 元素。所以最後我們要取得的資料就在 span 元素內。

Tip

如前所述，Yahoo 股市或其他知名的股市資訊網站常常會有格式變動的問題，其中 HTML 結構也可能會改變。若發現程式無法順利運行，需要依照以上方法重新找尋元素定位。

知道要取得的元素後，就可以來執行程式了，請往下執行下一個儲存格匯入相關套件：

`4`

```
1 from datetime import datetime
2 from bs4 import BeautifulSoup
3 import time
```

BeautifulSoup4 套件可以解析網頁的 HTML 原始碼，並產生一個 BeautifulSoup 物件，此物件中有整個 HTML 的結構，就可以用它的定位功能找出元素位置並取得資料。

接著建立取得股價的函式，請執行下一個儲存格建立函式：

`5`

```
1 def yahoo_stock(stock_id):
2     url = f'https://tw.stock.yahoo.com/quote/{stock_id}.TW'
3     # 使用 requests 取得網頁內容
4     response = requests.get(url)
5     html = response.content
6     # 使用 Beautiful Soup 解析 HTML 內容
7     soup = BeautifulSoup(html, 'html.parser')
8     # 使用 find 與 find_all 定位元素
9     time_element = soup.find('section',\
10                 {'id': 'qsp-overview-realtime-info'}).find('time')
11    table_soups = soup.find('section',\
12                 {'id': 'qsp-overview-realtime-info'}).find('ul')\
13                                             .find_all('li')
14    fields = []
15    datas = []
16    for table_soup in table_soups:
17        table_datas = table_soup.find_all('span')
18        for num,table_data in enumerate(table_datas):
19            if table_data.text =='':
```

NEXT

```
20              continue
21          if num == 0:
22              fields.append(table_data.text)
23          else:
24              datas.append(table_data.text)
25   # 建立 DataFrame
26   df = pd.DataFrame([datas], columns=fields)
27   # 增加日期和股號欄位
28   df.insert(0,'日期',time_element['datatime'])
29   df.insert(1,'股號',id)
30   # 回傳 DataFrame
31   return df
32
33 yahoo_stock(stock_id)
```

以下為程式碼詳解：

● 第 1 行：建立函式並將 stock_id 設為參數，可以將股票代碼代入。

● 第 4 行：使用 requests.get() 發送 GET 請求取得 Response 物件。

● 第 5 行：透過 content 屬性取得 HTML 原始碼。

● 第 7 行：使用 BeautifulSoup 解析 HTML 原始碼並建立 BeautifulSoup 物件。

● 第 9~10 行：使用 find() 方法可以找到第一個元素。首先從 HTML 中找到第一個為 id 屬性值 'qsp-overview-realtime-info' 的 section 元素，然後再找到其中的第一個 time 元素得到網頁時間。

● 第 11~12 行：使用 find_all() 方法可以找到全部的元素。首先一樣從 HTML 中找到第一個為 id 屬性值 'qsp-overview-realtime-info' 的 section 元素，然後再找到其中的第一個 ul 元素，最後得到其中全部的 li 元素。

● 第 12~20 行：建立迴圈擷取每個 li 元素中所有的 span 內容，並將內容儲存在 fields 和 datas 串列中，分別代表表格表頭和數據。

● 第 22~26 行：建立 DataFrame 表格並插入日期和股號欄位完成當日股價表，最後呈現表格。

🖥 執行結果：

	日期	股號	成交	開盤	最高	最低	均價	成交金額(億)	昨收	漲跌幅	漲跌	總量	昨量	振幅
0	2023/09/11 11:37	2330	537	539	540	536	537		44.39	539	0.37%		2	8,258	15,263	0.74%

▲ 如果要抓不同的股票的資料只要更改 id 即可。

接下來，我們將 yahoo_stock() 函式稍作改寫，讓其能夠抓取每季報表資料。整個程式的邏輯與第 5 個儲存格差不多，為節省篇幅，以下僅列出部分程式碼

6

```
25 # 抓損益表
26 url = f'https://tw.stock.yahoo.com/quote/{stock_id}/\
27     income-statement'
28 # 抓資產負債表
29 # url = f'https://tw.stock.yahoo.com/quote/{stock_id}/balance-sheet'
30 # 抓現金流量表
31 # url =
32 # f'https://tw.stock.yahoo.com/quote/{stock_id}/cash-flow-statement'
33
34 # 抓取季報表資料
35 df = url_find(url).transpose()
```

在第 6 個儲存格中，url_find() 為抓取季報表的函式。透過輸入不同的 url 網址，即可下載對應的每季報表。舉例來說，若要下載現金流量表，我們只要將網址後面修改成 cash-flow-statement 即可。

🖥 執行結果：

	年度/季別	營業收入	營業毛利	營業費用	營業利益	稅後淨利
15	2019 Q3	293,045,439	139,432,161	31,378,953	107,887,292	101,102,454
16	2019 Q2	240,998,475	103,673,230	27,164,995	76,304,053	66,775,851
17	2019 Q1	218,704,469	90,352,125	26,018,013	64,266,023	61,387,310
18	2018 Q4	289,770,193	138,042,400	30,852,310	107,123,251	100,005,385
19	2018 Q3	260,347,882	123,380,843	28,128,452	95,245,181	89,098,072

▲ 每季損益表

	年度/季別	總資產	總負債	股東權益（淨值）	流動資產	流動負債
15	2019 Q3	2,134,234,450	546,737,449	1,587,497,001	849,427,436	494,781,125
16	2019 Q2	2,239,343,671	684,922,144	1,554,421,527	1,010,179,338	622,256,378
17	2019 Q1	2,187,436,785	443,919,183	1,743,517,602	991,324,815	378,267,634
18	2018 Q4	2,090,128,038	412,631,642	1,677,496,396	951,679,721	340,542,586
19	2018 Q3	1,969,888,788	394,058,787	1,575,830,001	859,223,705	321,630,202

▲ 每季資產負債表

	年度/季別	營業現金流	投資現金流	融資現金流	自由現金流	淨現金流
15	2019 Q3	141,753,021	-108,290,117	-229,112,243	33,462,904	-197,266,962
16	2019 Q2	117,761,028	-114,717,951	-930,502	3,043,077	4,026,735
17	2019 Q1	152,670,278	-64,188,473	-22,412,645	88,481,805	67,855,926
18	2018 Q4	189,372,548	-117,260,956	14,283,421	72,111,592	89,082,480
19	2018 Q3	94,082,482	-63,473,163	-172,434,686	30,609,319	-143,497,759

▲ 每季現金流量表

📊 使用 selenium 做新聞爬蟲

　　有許多文獻結果顯示，新聞輿情分析能夠反應目前的投資人情緒，對股市的報酬也有顯著影響，亦是目前文字探勘與行為財務學的一大研究方向。但要如何取得這些資料呢？在本節中，我們會以抓取**鉅亨網**的資料為例，一步步帶領讀者使用 Selenium 來取得個股的新聞資料。

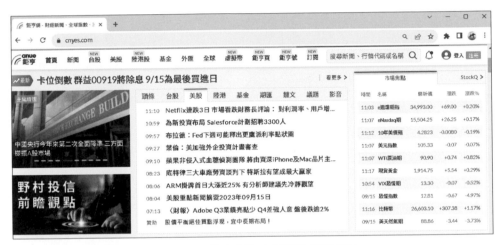

▲ 鉅亨網的資料齊全、內容豐富，是許多投資人愛用的資訊網站

　　有一些網站會使用 JavaScript 動態載入資料，資料在一開始載入網頁時並不會完全顯示，而是當使用者滾動頁面或執行其他互動操作時才會加載。所以無法使用 BeautifulSoup 來直接解析網頁內容。

　　為了解決這個問題，我們可以使用 Selenium 來建立模擬瀏覽器。Selenium 是一個用於自動化操作瀏覽器的 Python 套件，主要模擬使用者在網頁上操作的行為，如滾動頁面、點擊按鈕、填寫表單等。讓程式做出像一般使用者一樣的操作，如此一來就能解決動態加載的問題。

　　為了瞭解動態加載的問題，讓我們先使用前一小節所教的 BeautifulSoup 方法，來抓取**鉅亨網**的資料試試看。**請執行第 7 個儲存格取得台積電新聞**，因程式邏輯與之前大致相同，在此就不列出程式碼了。

🖥 執行結果：

	股號	日期	標題
14	2330	2023-08-16	台積電:本公司代子公司 TSMC Global Ltd. 公告取得固定收益證券
15	2330	2023-08-15	台積電:本公司代子公司 TSMC Global Ltd. 公告取得固定收益證券
16	2330	2023-08-14	台積電:本公司代子公司 TSMC Global Ltd. 公告取得固定收益證券
17	2330	2023-08-14	台股大跌！買這些股票就對了？
18	2330	2023-08-11	台積電:本公司代子公司 TSMC Global Ltd. 公告取得固定收益證券
19	2330	2023-08-11	台積電:本公司代子公司 TSMC Global Ltd. 公告處分固定收益證券

　　從結果中我們可以發現，資料只抓到 2023-08-11 就結束了，但如果親自去網站 (https://www.cnyes.com/search/news?keyword=2330) 確認，可以發現往下滾動時，網頁會動態加載更早期的資料（最早到 2021 年）。這就是一般爬蟲面對動態加載的網頁時，會遭遇到的問題。

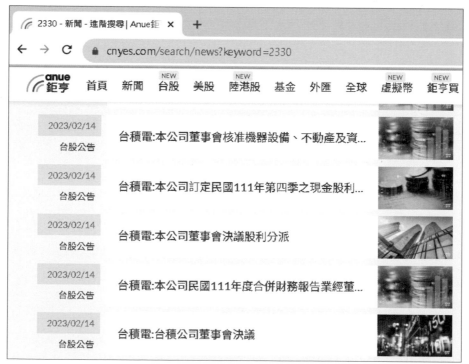

▲ 在鉅亨網的個股新聞中, 往下滾動能夠看到更早期的資料

為了解決這個問題，讓我們換個方式，使用 selenium 來模擬瀏覽器操作。
請執行下一個儲存格匯入相關套件和設定模擬瀏覽器：

8

```
1 !pip install selenium          ← 模擬瀏覽器套件
2 from selenium import webdriver ← 網頁驅動模組
3 chrome_options = webdriver.ChromeOptions()
4 chrome_options.add_argument('--headless')     # 不顯示瀏覽器
5 chrome_options.add_argument('--no-sandbox')   # 以最高權限運行
```

安裝好套件並匯入 webdriver 模組後。接著，我們創建了一個
ChromeOptions 物件，透過這個物件可以設定 Chrome 瀏覽器的選項，包括不
顯示瀏覽器視窗和以最高權限運行，確保在無視窗模式下 Chrome 擁有適
當的權限。接下來請執行下一個儲存格建立模擬瀏覽器來取得新聞資料：

9

```
1 # 透過 options 設定 driver
2 driver = webdriver.Chrome(options=chrome_options)
3 data2=[] # 表格數據
4 # 目標網址
5 url = f"https://www.cnyes.com/search/news?keyword={stock_id}"
6 driver.get(url)
7
8 # 模擬滑動滑鼠滾輪的行為，用於加載更多內容
9 scroll_pause_time = 2  # 等待時間
10 last_height = driver.execute_script(
11                  "return document.body.scrollHeight")
12 while True:
13     driver.execute_script(
14         "window.scrollTo(0, document.body.scrollHeight);")
15     time.sleep(scroll_pause_time)
16     new_height = driver.execute_script(
17         "return document.body.scrollHeight")
18     if new_height == last_height:
19         break
```

NEXT

```
20        last_height = new_height
21
22  elements = driver.find_elements("xpath",
23                          '//*[@id="_SearchAll"]/section/div/a')
24
25  # 擷取網址和標題
26  for element in elements:
27      link = element.get_attribute("href")
28      title = element.text
29      title=title.split('\n')
30      data2.append([stock_id, title[1] ,title[0],link])
31
32  driver.quit()   # 關閉瀏覽器
33      # 使用 requests 前往網址擷取新聞內容
34  for link in data2:
35      link_a=requests.get(link[3]).content
36      link_b=BeautifulSoup(link_a,'html.parser')
37      p_elements=link_b.find('div',{'class':'_2E8y'})
38      # 取得段落內容
39      link[3] = p_elements.text
40  # 建立表格
41  df = pd.DataFrame(data2,columns=field)
42  df.tail()
```

　　這個程式會抓取單一股票的全部新聞資料（約 3 年）。由於程式中有加載網頁行為和請求其他網址內容的動作，所以花費時間會比較久，約需等待 10 分鐘來運行。程式碼詳解如下：

● 第 2 行：匯入第 8 個儲存格所設置好的瀏覽器設定。

● 第 5~6 行：設定目標網址，並使用模擬瀏覽器開啟。

● 第 9~20 行：模擬滑鼠不斷滾動來加載資料，並將資料儲存至 elements 變數中。在滑鼠滾動時，需要一些時間來等待網頁加載內容，這裡使用 scroll_pause_time 設定為 2 秒。接著，使用 execute_script 方法來獲取網頁的總捲動高度。最後通過 window.scrollTo 方法來模擬滾動網頁的行為，直到滾動至最底部（代表網頁高度沒有變化）才退出迴圈。

● 第 22~23 行：使用 Xpath 來定位網頁元素。Xpath 可以用來查找 HTML 中元素的**相對節點**。取得 Xpath 方法如下：

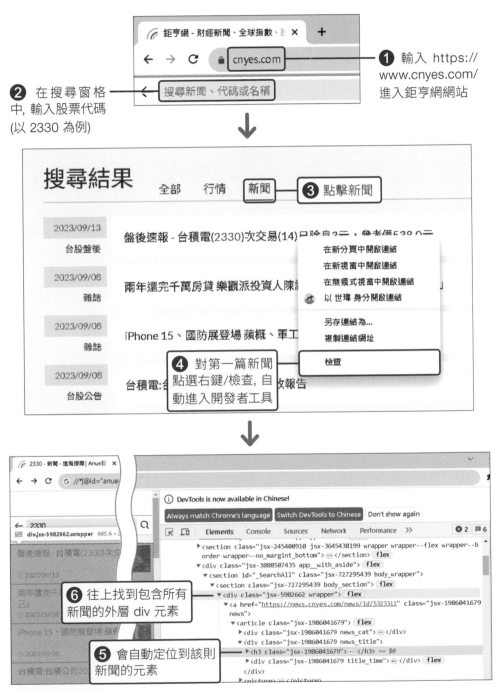

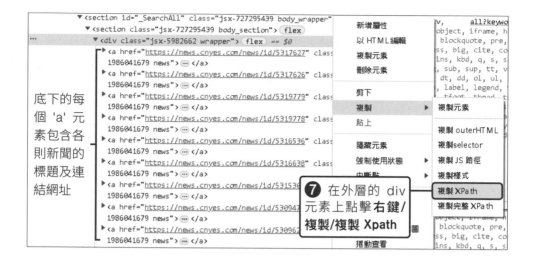

● 複製 Xpath 後，可以得到 ' //*[@id="_SearchAll"]/section/div' 的路徑，最後加上 'a' 元素來取得全部新聞的定位路徑。

● 第 25-30 行：使用迴圈擷取出 'a' 元素中的資料，包括標題、時間與新聞連結網址。

● 第 33-39 行：將每一則新聞連結使用 GET 送出請求，建立 Reponse 物件並取得新聞內容，最後將資料存進串列中。

🖥 執行結果：

	股號	日期	標題
0	2330	09/06	台積電:本公司代子公司 TSMC Global Ltd. 公告取得固定收益證券
1	2330	2023/09/01	跨世代談存股 陳重銘 vs 小車×存股實驗
2	2330	2023/08/31	中國上城(02330)中期虧損降至3283萬人幣,不派息
3	2330	2023/08/30	台積電:本公司代子公司 TSMC Global Ltd. 公告取得固定收益證券
4	2330	2023/08/28	台積電:本公司受邀參加機構投資人說明會
...	...	...	...
568	2330	2021/09/23	投資策略選股不選市 聚焦明年產業
569	2330	2021/09/23	十月漲價潮 超級比一比
570	2330	2021/09/23	信群超車大立光 衝上2445元重回股后寶座
571	2330	2021/09/23	新台五路科技生醫群聚 成台版NASDAQ
572	2330	2021/09/09	台積電供應鏈出頭天

◀ 這次就成功取得所有的新聞資料了!如果要爬取的網頁有動態加載的問題時,不妨試試看 Selenium

3.3 用 Python 套件輕鬆取得股市資料

雖然爬蟲可以依據使用者的需求，彈性取得特定的資料，但在程式撰寫上較為麻煩，且網頁格式有所更動的話，又要重新修改程式。感謝許多高手的貢獻，現在在 Python 中，我們可以直接使用許多股市套件來下載資料。在本節中，我們會重點介紹 **yfinance**、**FinMind** 及 **FinLab**，這 3 種最方便、好用的套件。

📊 yfinance

首先，第一個要介紹的套件為 **yfinance**，這個套件最初由 Ran Aroussi 創建，開源後經由多位開發人員共同維護及開發。yfinance 串接 Yahoo Finance 網站，讓使用者能透過簡單的指令來下載各種股市資料，包括：美股、台股、公司基本資料或財務報表等等。

> **Tip**
>
> Yahoo Finance 是全球性網站提供給世界各地的人士使用，而 Yahoo 奇摩股市主要給台灣地區使用，兩者不同。

請執行下一個儲存格安裝 yfinance 和匯入套件：

10

```
1 !pip install yfinance
2 import yfinance as yf
```

接下來需要指定股票代號，下面範例繼續以台積電為例子，時間上則以抓取一年股價資料為主，請執行以下儲存格設定變數：

11

```
1 # 指定要下載的股票代碼，上市為 .TW;上櫃為 .TWO
2 stock_id = '2330.TW'
3 # 設定開始與結束時間
4 end = dt.date.today()          ← 設定今天為結束時間
5 start = end - dt.timedelta(days=360)   ← 減去 360 天來取得開始日期
```

Tip

在 Yahoo Finance 網站上台灣的股票是以代號加上 **.TW** 顯示的，而上櫃股票則需加上 **.TWO**。

設定好股票代號和時間後就可以下載股票資料了，這裡將會下載 2022 一整年的資料，請執行下一格儲存格下載股票資料：

12

若無設定會以現在時間為預設值 ↘

```
1 stock_data = yf.download(stock_id, start=start, end=end)
2 stock_data.tail()
```

我們只要輸入股票代號、起始時間和結束時間，就能使用 download 方法來下載股價資料。另外，由於隔日才會進行資料更新，所以**資料將會下載到結束時間的前一天**。

🖥 執行結果：

```
[************************100%%************************]  1
            Open   High   Low   Close  Adj Close    Volume
    Date
2023-09-08  535.0  540.0  535.0  539.0  536.011108  15283568
2023-09-11  539.0  540.0  536.0  536.0  533.027771  14631968
2023-09-12  536.0  545.0  536.0  544.0  540.983398  16028336
2023-09-13  545.0  548.0  541.0  541.0  538.000000  16191392
2023-09-14  544.0  550.0  543.0  550.0  550.000000  17144287
```

◀ 表格中欄位會有日期、開盤價、最高價、最低價、收盤價、還原收盤價及交易量除此之外，我們也可以修改 download() 中的參數，來下載不同期間或頻率的資料：

```
# 依照資料期間下載
stock_data = yf.download(stock_id, period="3mo")

# 下載不同時間頻率的資料 (1 分 K)
stock_data = yf.download(stock_id, interval="1m")
```

download() 常用參數詳解：

參數	說明
tickers	字串類型的股票代號
start	資料開始期間
end	資料結束期間，若未設定會以現在時間為預設值
period	可設定"1d"、"5d"、"1mo"、"3mo"、"6mo"、"1y"、"2y"、"5y"、"10y"、"ytd"、"max"，分別代表不同的資料期間
interval	可設定"1m"、"2m"、"5m"、"15m"、"30m"、"60m"、"90m"、"1h"、"1d"、"5d"、"1wk"、"1mo"、"3mo"，分別代表不同的資料頻率
prepost	布林值，是否包含盤後資料

yfinance 也支持多檔股票同時下載，請執行下一個儲存格同時下載台積電、聯電和聯發科的股票資料：

13

```
1 stocks = [stock_id, '2303.TW', '2454.TW'] #分別為台積電、聯電和聯發科
2 stock_data = yf.download(stocks, start=start, end=end)
3 stock_data.tail()
```

🖥 執行結果：

```
[***********************100%%***********************]  3 of 3 completed
          Adj Close                         Close                    High
          2303.TW     2330.TW     2454.TW   2303.TW    2330.TW  2454.TW  2303.TW
Date
2023-
09-08    45.700001   536.011108   709.0    45.700001    539.0    709.0   45.950001

2023-
09-11    46.049999   533.027771   714.0    46.049999    536.0    714.0   46.099998

2023-
09-12    46.799999   540.983398   728.0    46.799999    544.0    728.0   46.799999

2023-
09-13    47.099998   538.000000   732.0    47.099998    541.0    732.0   47.400002

2023-
09-14    47.349998   550.000000   733.0    47.349998    550.0    733.0   47.549999
```

▲ 這樣就能一次下載多筆股票資料啦!

如果要取得公司的基本資料、市值、營收等財報資訊,我們可以建立一個 Ticker 類別的物件。請執行下一個儲存格:

14

```
1 stock = yf.Ticker(stock_id)
2 stock.info     ← info 可以獲取公司基本資料, 傳回字典格式的資料
```

🖥 執行結果:

```
'priceToBook': 4.358928,
 'lastFiscalYearEnd': 1672444800,
 'nextFiscalYearEnd': 1703980800,
 'mostRecentQuarter': 1688083200,
 'earningsQuarterlyGrowth': -0.233,
 'netIncomeToCommon': 965555519488,
 'trailingEps': 36.33,
 'forwardEps': 36.84,
 'pegRatio': 6.22,
......
```

有了 Ticker 物件就能取得財報資訊，請執行下一個儲存格獲取財報資訊：

`15`

```
1 financials = stock.financials
2 financials.tail()
```

🖥 執行結果：

	2022-12-31	2021-12-31	2020-12-31	2019-12-31
Tax Effect Of Unusual Items	380563192.286323	0.0	726475095.042556	5461704.58954
Tax Rate For Calcs	0.111249	0.099609	0.113922	0.114152
Normalized EBITDA	1589774155000.0	1090935401000.0	912206385000.0	679932578000.0
Total Unusual Items	3420820000.0	5785000000.0	6376941000.0	47846000.0
Total Unusual Items Excluding Goodwill	3420820000.0	5785000000.0	6376941000.0	47846000.0
Net Income From Continuing Operation Net Minority Interest	1016530249000.0	588918059000.0	517885387000.0	345263668000.0

請執行下一個儲存格獲取法人持股資訊：

`16`

```
1 institutional_holders = stock.institutional_holders
2 institutional_holders.tail()
```

🖥 執行結果：

	Holder	Shares	Date Reported	% Out	Value
5	Capital World Growth and Income Fund	137759578	2023-06-30	0.0053	76869844524
6	Invesco Developing Markets Fund	106428429	2023-04-30	0.0041	59387063382
7	Fidelity Series Emerging Markets Opportunities...	101946536	2023-06-30	0.0039	56886167088
8	Growth Fund Of America Inc	89957595	2023-06-30	0.0035	50196338010
9	iShares MSCI Emerging Markets ETF	85949000	2023-07-31	0.0033	47959542000

除此之外，還有其他常見屬性與方法可以取得不同的股票資訊，請參考以下表格：

Ticker 物件常見屬性和方法	說明
balance_sheet	近四年資產負債表 (DataFrame)
cashflow	近四年現金流量表 (DataFrame)
actions	歷年股息與股利 (DataFrame)
quarterly_financials	近四季損益表 (DataFrame)
history()	傳回歷史價量資料

📊 FinMind

FinMind 是由林子軒作者等人的數據專家團隊所建構，資料庫中以台股的資料為主，有個股資料、三大法人、融資融券等等。所有的資料都已經預先整理好了，只要一個指令即可輕鬆取得各種完整、結構化的資料，對於不擅長整理資料格式的使用者很有幫助。若無註冊官方會員的話，FinMind 免費提供 300 次 /hr 的資料串接服務；加入免費會員則可以增加到 600 /hr 次。若要註冊會員可參考以下步驟：

❶ 進入 FinMind API官方網站：

```
https://finmindtrade.com/analysis/#/data/api
```

❷ 註冊 FinMind 會員：

 按一下進行註冊

❸ 輸入 ID、Email和密碼, 完成後點擊註冊

請至個人信箱收取驗證信，完成後會自動回到登入畫面，最後就能看到使用者資訊：

帳號 (user_id)	XXXXXX
email	XXXXXX
email 是否驗證	已驗證
api 每小時使用上限	600
api 以使用次數	0
api token 金鑰	eyJhbGciOiJIUzI1NiIsInR5cCI6I...

▲ 請先使用記事本儲存你的帳號密碼和金鑰

接著，讓我們回到 Colab 中開始使用 FinMind 套件吧！請執行以下儲存格安裝 FinMind 和匯入相關套件：

17

```
1 !pip install FinMind
2 from FinMind.data import DataLoader
3 import getpass
```

請執行下一個儲存格輸入帳號密碼和金鑰：

18

```
1 token = getpass.getpass("請輸入 FinMind 金鑰: ")
```

🖥 執行結果：

請輸入FinMind金鑰：・・・・・・・・・・

▲ 跟第 2 章一樣，使用 getpass 不會洩漏重要資訊

輸入完金鑰後，請執行下一個儲存格建立 api 資料庫物件和登入會員：

19

```
1 api = DataLoader()
2 api.login_by_token(api_token=token)
```

建立 DataLoader 物件就可以使用 FinMind 的資料庫，使用 login_by_token 登入會員後每小時可調用 api 次數為 600 次。

TIP

超過限制時會出現錯誤：

Exception: {"msg":"Requests reach the upper limit.
https://finmindtrade.com/","status":402}

▲ 等待一個小時後就可以再重新使用了

讓我們再次以台積電為例，請執行下一個儲存格來取得近一年的股價資料：

20

```
1 #股票代號
2 stock_id = '2330'
3 #資料期間
4 end = dt.date.today()
5 start = end - dt.timedelta(days=360)
6
7 stock_data =  api.taiwan_stock_daily(
8     stock_id=stock_id,
9     start_date=start,
10     end_date=end)
11
12 stock_data.tail()
```

| | 成交量 | 成交金額 | 開高低收 | | | | 漲跌點數 | 交易周轉次數 |

	date	stock_id	Trading_Volume	Trading_money	open	max	min	close	spread	Trading_turnover
232	2023-09-11	2330	15540773	8348107210	539.0	540.0	536.0	536.0	-3.0	31155
233	2023-09-12	2330	17135765	9268673682	536.0	545.0	536.0	544.0	8.0	20545
234	2023-09-13	2330	16836487	9146776791	545.0	548.0	541.0	541.0	-3.0	18111
235	2023-09-14	2330	18377284	10058109685	544.0	550.0	543.0	550.0	0.0	19037
236	2023-09-15	2330	44681949	24818735444	549.0	558.0	547.0	558.0	8.0	18023

▲ FindMind 已經把資料整理成結構化的 df 表格了！

讓我們執行下一個儲存格來取得損益表資料：

21

```
1 financial_data = api.taiwan_stock_financial_statement(
2     stock_id=stock_id,
3     start_date=str(start),)
4
5 financial_data.tail()
```

🖥 執行結果：

	date	stock_id	type	value	origin_name
59	2023-06-30	2330	TotalNonoperatingIncomeAndExpense	1.271687e+10	營業外收入及支出
60	2023-06-30	2330	OtherComprehensiveIncome	5.659104e+09	其他綜合損益（淨額）
61	2023-06-30	2330	GrossProfit	2.601998e+11	營業毛利（毛損）淨額
62	2023-06-30	2330	EquityAttributableToOwnersOfParent	1.817990e+11	淨利（淨損）歸屬於母公司業主
63	2023-06-30	2330	NoncontrollingInterests	-8.201500e+07	淨利（淨損）歸屬於非控制權益

法人買賣資料：

22

```
1 investors_data = api.taiwan_stock_institutional_investors(
2     stock_id=stock_id,
```

NEXT

```
3       start_date=str(start),)
4
5  investors_data.tail()
```

🖥 執行結果：

	date	stock_id	buy	name	sell
1180	2023-09-15	2330	39697429	Foreign_Investor	29123842
1181	2023-09-15	2330	0	Foreign_Dealer_Self	0
1182	2023-09-15	2330	1637113	Investment_Trust	6603394
1183	2023-09-15	2330	157000	Dealer_self	517000
1184	2023-09-15	2330	154965	Dealer_Hedging	622383

除以上範例外，FinMind 還提供多種資料供註冊使用者串接 api，請參考以下表格：

函式	資料表名稱	說明
api.taiwan_stock_info()	台股總覽	股票名稱、代號和產業類別
api.taiwan_stock_per_pbr(stock_id, start_date)	個股 PER、PBR 資料表	股票代號、股利率、PER、PBR
api.taiwan_stock_book_and_trade(date)	每 5 秒委託成交統計	每五秒時間、買方委託量/金額、賣方委託量/金額
api.tse(date)	每 5 秒加權指數	每五秒時間、指數
api.taiwan_stock_day_trading(stock_id, start_date, end_date)	當日沖銷交易標的及成交量值	股票代號、是否沖銷、量、買/賣方金額
api.taiwan_stock_total_return_index(index_id, start_date, end_date)	加權、櫃買報酬指數值	日期、指數名稱、價格
api.taiwan_stock_margin_purchase_short_sale(stock_id, start_date, end_date)	融資融券表	代號、融資買入、融券餘額...等

NEXT

函式	資料表名稱	說明
api.taiwan_stock_shareholding(stock_id, start_date, end_date)	外資持股表	日期、代號、外資持股數、持股比率...等
api.taiwan_stock_balance_sheet(stock_id, start_date,)	資產負債表	日期、代號、會計科目、金額
api.taiwan_stock_cash_flows_statement(stock_id, start_date,)	現金流量表	日期、代號、現金會計科目、金額
api.taiwan_stock_month_revenue(stock_id, start_date,)	月營收表	日期、代號、月營收

▲ 可至 FinMind 官網 (https://finmind.github.io/) 來查看更多使用範例

📊 FinLab

　　FinLab 由韓承佑等人所創立，不僅是一個專業的股票組合回測網站，更擁有豐富的量化股市資料庫。為了讓於量化投資和股票組合建立有興趣的人更輕鬆地學習，Finlab 還提供了 Python 編碼器，讓使用者能夠在線上直接編寫程式。註冊成為免費會員後，可串接 FinLab api, 免費會員一天的資料庫使用量為 500MB 並可使用 5 次回測工具。請先依以下步驟註冊會員取得金鑰：

1 進入 FinLab官方網站：

```
https://ai.finlab.tw/strategies/
```

2 註冊 Finlab 會員並取得金鑰：

① 按一下右上角的登入

接著回到 Colab 中開始用 FinLab 資料庫，請執行下一格儲存格安裝及匯入套件：

23

```
1 !pip install finlab
2 import finlab
3 from finlab import data
```

匯入 finlab 時會要求連接 Google Drive 雲端硬碟，用來存放從 finlab 下載的資料。

接著執行下一個儲存格驗證金鑰並登入會員：

24

```
1 token = getpass.getpass("請輸入FinLab金鑰: ")
2 finlab.login(token)
```

Tip

如果沒有先登入的話，執行程式時也會要求驗證金鑰。

```
複製驗證碼，並且貼於下方

ALaKk4zPeDohK8ZvxOnry          ☐

請從 https://ai.finlab.tw/api_token 複製驗證碼：
```

完成會員驗證後就能使用資料庫了，請執行下一個儲存格取得股票收盤
價：

25

```
1 close = data.get('price:收盤價')
2 close.tail()
```

🖥 執行結果：

symbol	0015	0050	0051	0052	0053	0054	0055	0056	0057	0058	...
date											
2020-12-25	NaN	118.95	42.83	106.50	55.85	27.57	17.69	29.51	78.55	NaN	...
2020-12-28	NaN	120.00	43.83	107.80	56.85	27.90	17.71	29.75	79.10	NaN	...
2020-12-29	NaN	119.90	43.79	108.00	56.80	27.90	17.71	29.67	79.60	NaN	...
2020-12-30	NaN	121.60	43.93	109.85	57.10	28.10	18.06	29.78	80.20	NaN	...
2020-12-31	NaN	122.25	44.00	110.20	57.70	28.21	18.05	29.95	80.40	NaN	...

◀ 可一次
取得所有
股票的收
盤價資料

與 FinMind 相比，FinLab 資料庫的格式比較不同，能一次取得**所有股票**的面板資料，但一次只能取得一種資料（例如：收盤價）。另外，免費會員目前只能取得截至 2020 年的資訊。

FinLab 可依據上市、上櫃、基金等不同市場或產業別來取得資料。請執行下一個儲存格來取得半導體產業的股價資料：

```
1 data.set_universe(market='TSE', category='半導體')
2 close = data.get('price:收盤價')
3 close.tail()
```

🖥 執行結果：

symbol date	2302	2303	2311	2325	2329	2330	2337	2338	2340	2342	...
2020-12-25	24.50	46.75	NaN	NaN	14.90	511.0	40.40	40.35	25.4	36.95	...
2020-12-28	24.70	48.60	NaN	NaN	15.95	515.0	43.80	42.70	26.1	40.60	...
2020-12-29	23.80	47.40	NaN	NaN	15.50	515.0	41.85	41.50	25.9	39.50	...
2020-12-30	23.95	48.30	NaN	NaN	15.25	525.0	42.35	41.35	26.1	39.35	...
2020-12-31	24.50	47.15	NaN	NaN	15.05	530.0	42.30	40.35	27.5	38.65	...

◀ 半導體股票的股價資料

以下是 FinLab 可以選擇的市場範圍：

market	說明
ALL	全市場，包括上市、上櫃、興櫃、公開發行等所有股票。
TSE	上市，即在台灣證券交易所上市的公司股票。
OTC	上櫃，即在台灣證券櫃檯買賣中心上市的公司股票。
TSE_OTC	上市櫃，包括在台灣證券交易所及櫃檯買賣中心上市的公司股票。
ETF	指數型基金。

讓我們繼續操作兩個範例來試試看，請執行下一個儲存格取得每股盈餘資料：

27

```
1 df = data.get('financial_statement:每股盈餘')
2 df.tail()
```

🖥 執行結果：

symbol date	2302	2303	2311	2325	2329	2330	2337	2338	2340	2342	...
2019-Q3	0.02	0.25	NaN	NaN	0.45	3.90	1.01	0.66	0.50	-1.10	...
2019-Q4	-0.08	0.32	1.41	1.46	0.08	4.48	0.41	0.62	0.38	-0.89	...
2020-Q1	-0.09	0.19	NaN	NaN	0.02	4.51	0.67	-1.09	0.32	-0.69	...
2020-Q2	0.01	0.55	1.23	1.55	-0.50	4.66	0.72	0.66	0.19	-0.91	...
2020-Q3	0.21	0.75	NaN	NaN	0.02	5.30	0.88	1.27	0.55	2.00	...

請執行下一個儲存格取得外資自營商買進股數資料：

28

```
1 df = data.get(
2     'institutional_investors_trading_summary:投信買賣超股數')
3 df.tail()
```

🖥 執行結果：

symbol date	2302	2303	2311	2325	2329	2330	2337	2338	2340	2342	...
2020-12-25	0.0	1743000.0	NaN	NaN	0.0	-420000.0	-685000.0	0.0	0.0	250000.0	...
2020-12-28	0.0	5804000.0	NaN	NaN	0.0	26000.0	816000.0	0.0	0.0	0.0	...
2020-12-29	0.0	2141930.0	NaN	NaN	0.0	-88180.0	1449000.0	0.0	0.0	100000.0	...
2020-12-30	0.0	452000.0	NaN	NaN	0.0	257000.0	3507000.0	0.0	0.0	0.0	...
2020-12-31	0.0	263000.0	NaN	NaN	0.0	419000.0	396000.0	0.0	0.0	0.0	...

FinLab 資料庫介紹

如果想要找其他資料例如財報、法人或其他資訊，可以先前往 Finlab 網站 (https://ai.finlab.tw/strategies/)，接著進入資料庫目錄尋找所需的資料，如下圖：

按一下資料庫
目錄資料

財經資料庫

台股   美股   世界

普通股股本		data.get('financial_statement:普通股股本')
特別股股本		data.get('financial_statement:特別股股本')
預收股款		data.get('financial_statement:預收股款')
待分配股票股利	尋找你需要的資料，複製右邊的 Code	data.get('financial_statement:待分配股票股利')
換股權利證書		data.get('financial_statement:換股權利證書')
股本		data.get('financial_statement:股本')
資本公積合計		data.get('financial_statement:資本公積合計')
法定盈餘公積		data.get('financial_statement:法定盈餘公積')

在本節中，我們介紹了 3 種使用 Python 套件收集資料的方式。最後，整理了各個套件之間的優缺點，讀者可依據自己的需求選擇最適合的套件：

- **yfinance**：可以一次選擇多檔股票和期間來下載股價資料，對於財報等其他資訊只有 4 年資料。能取得當日收盤後的資料，但無法取得即時資料。

- **FinMind**：一次能取得單檔股票的多種資料，且可自由選擇資料期間。高級會員甚至可以取得即時資料。

- **FinLab**：一次能取得多檔股票的單一資料，由於 FinLab 的資料劃分較細，適合分析單一項目的使用者，但免費會員沒有最新和即時資料。

3.4 搭建自己的 SQL 資料庫

在前兩節中，我們介紹了網頁爬蟲和幾種使用 Python 套件來取得資料的方式，那要如何妥善地保存這些資料呢？除了存成 csv 檔外，另一個比較好的方式為搭建**關聯性資料庫**，這不僅能夠有效地保存，也能靈活調用所需資料，以利進行各種資料分析或回測。在這一小節中，我們會以 SQLite 為例，介紹如何設計、搭建及存取資料庫。

📊 資料庫設計

在設計資料庫前，我們需要先了解後續對於資料格式的需求，包括要儲存的資料類型、資料的結構和關聯性（相連的主鍵、外鍵），還有預期會進行的查詢和操作等等。本節資料庫會針對股票資料來進行設計，架構上可以從幾個方向去分：公司資訊、股價資料、股票指數或是直接從股票的基本面、技術面和籌碼面來劃分。

關聯性資料庫

相較於非關聯性資料庫，關聯性資料庫的特點是其資料表間能基於**特定欄位**互相連結。這樣做的好處是，在進行各類資料操作（如刪除、合併、查詢或更新表格）時，不僅流程更為系統化、操作更加方便，還能維護資料的完整性，避免資料呈現雜亂無章的狀態。

在資料表之間，互相連結的特定欄位稱為**主鍵 (Primary Key)** 及**外鍵 (Foreign Key)**，讓我們來簡單做個介紹：

● 主鍵 (Primary Key)：資料表中的唯一辨識值，可以為單一欄位或多個欄位，但其值不能重複。設定主鍵可以幫助我們檢視資料是否重複，若資料重複也有利進行修改，為建構關聯性資料庫時的一大重點。

● 外鍵 (Foreign Key)：外鍵可以建立兩個資料表之間的連結，為其它資料表的主鍵。有利於我們搜尋或選取資料。

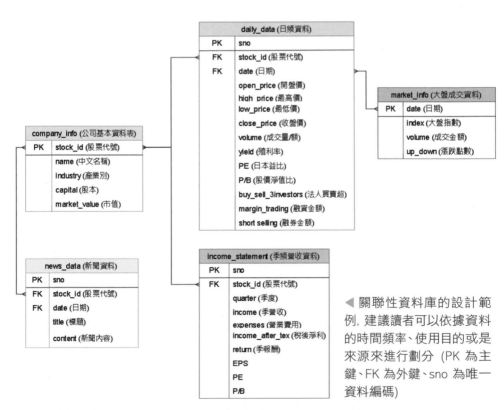

◀ 關聯性資料庫的設計範例，建議讀者可以依據資料的時間頻率、使用目的或是來源來進行劃分 (PK 為主鍵、FK 為外鍵、sno 為唯一資料編碼)

📊 搭建 SQLite 資料庫

本書將介紹 Python 內建的 Sqlite3 套件來建立資料庫。Sqlite3 資料庫屬於輕量級的關聯式資料庫，在資料量不大的情況下，可以快速地建立資料庫檔案、方便使用存取，而且省略註冊登入的步驟。以下範例會介紹如何搭建 Sqlite 資料庫。

接下來就來使用 sqlite3 套件，請執行下一個儲存格匯入套件及建立資料庫：

29

```python
1 import sqlite3
2 conn = sqlite3.connect('stock.db')
```

使用 connect 方法建立一個 Connection 物件，可以選擇路徑來建立 db 檔。執行後檔案會建立在左邊的檔案區：

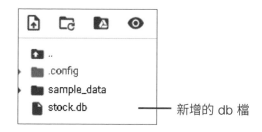

新增的 db 檔

接下來，我們會新增每日股價的日頻資料表。建議在建立資料表前，先定義主鍵以及各欄位的資料格式。請執行下一個儲存格：

```
 1 cursor = conn.cursor()
 2 cursor.execute('''
 3 CREATE TABLE IF NOT EXISTS 日頻資料 (
 4     sno INTEGER PRIMARY KEY AUTOINCREMENT,    ← 序號遞增主鍵
 5     Stock_Id TEXT,
 6     Date DATE,
 7     Open FLOAT,
 8     High FLOAT,
 9     Low FLOAT,                      ← 各欄位名稱及格式
10     Close FLOAT,
11     Adj_Close FLOAT,
12     Volume INTEGER
13 );
14 ''')
15 conn.commit()
```

　　雖然 SQLite 可以不用預先定義資料表格式，就能直接使用 Dataframe 來建立資料表。但筆者建議，事先定義好主鍵及各欄位類型相當地重要，可以避免資料格式不符或錯誤而導致需要重建資料表的情況。

　　程式碼詳解：

● 第 1 行：使用 cursor 方法建立一個 pointer 物件，用於對資料庫進行查詢、插入、更新等。

● 第 2 行：使用 execute 方法進行查詢。execute 主要進行資料庫的 CRUD 操作，CRUD 代表 Create（創建）、Read（讀取）、Update（更新）和 Delete（刪除）。

● 第 15 行：在 SQLite 中，若我們執行對資料表執行某些操作，必須執行 commit 來保存更新。

　　接著，我們以 yfinance 為例。取得台積電的歷史股價資料並將資料存進資料庫，請執行下一個儲存格：

31

```
1 df = yf.download('2330.TW',start='2023-08-01')
2 df = df.reset_index()
3 df['Date'] = df['Date'].dt.strftime('%Y-%m-%d')
4 df.rename(columns={"Adj Close": "Adj_Close"}, inplace=True)
5 df.insert(0,'Stock_id','2330')
6
7 df.to_sql('日頻資料',conn,if_exists='append',index=False)
```

程式碼詳解：

● 第 2 行：yfinance 會將 Date 設為索引，此行會將原先的索引進行重設。

● 第 3 行：更改原始表格的日期格式。

● 第 4 行：更新欄位名稱，以符合資料表格式。

● 第 5 行：插入股票代號的欄位。

● 第 7 行：由於 yfinance 下載取得的資料結構為 DataFrame，所以可以直接使用 to_sql 方法將表格存進資料庫，代入要建立表格的名稱「日頻資料」和先前建立的資料庫物件 'conn'。另外，if_exists = 'append' 代表對此表格追加資料；index 設為 False 代表不設定索引。

執行結束後我們不知道到底有沒有成功將資料存進資料庫中，所以接下來要查詢資料庫表格所有的資料，請執行下一個儲存查詢表格：

32

```
1 def table_info(table_name):
2     cursor = conn.cursor()
3     cursor.execute(f"PRAGMA table_info({table_name})")
4     columns = cursor.fetchall()
5     column_names = [column[1] for column in columns]
6     print(f"資料庫表 '{table_name}' 的欄位名稱:", column_names)
7     all_data = conn.execute(f'SELECT * FROM {table_name}')
8     for i in all_data.fetchall():
```

NEXT

```
 9          print(i)
10
11 # 查詢表格資料
12 table_info("日頻資料")
```

程式碼詳解：

● 第 1 行：建立 table_info() 函式，table_name 為表格名稱，此函式用於查詢該表格資料。

● 第 3 行：PRAGMA 可以查詢表格結構或其他設定。

● 第 4~6 行：找到所有的表格欄位後顯示。

● 第 7~9 行：Select 可以選取資料，這裡的符號 '*' 代表所有行列的意思，所以整句 SQL 語法代表選取資料表中所有資料。

🖥 執行結果：

```
資料庫表 '日頻資料' 的欄位名稱：
['sno', 'Stock_Id', 'Date', 'Open', 'High', 'Low', 'Close', 'Adj_Close',
'Volume'] (1, '2330', '2023-08-01', 565.0, 568.0, 564.0, 567.0,
563.8558349609375, 16259643)
(2, '2330', '2023-08-02', 567.0, 569.0, 558.0, 561.0, 557.8890991210938,
25583234)
(3, '2330', '2023-08-04', 556.0, 560.0, 552.0, 554.0, 550.9279174804688,
26279173)
......
```

我們對第 31 個儲存格稍做改寫，新建一個新增其它的股票資料的函式，並用 if_exists = 'append' 來新增資料。請執行第 33 個儲存格：

33

```
1 def insert_data(stock_id, start):
2   # 下載資料
```

NEXT

```
3   df = yf.download(f'{stock_id}.TW',start=start)
4   df = df.reset_index()
5   df.rename(columns={"Adj Close": "Adj_Close"}, inplace=True)
6   df['Date'] = df['Date'].dt.strftime('%Y-%m-%d')
7   df.insert(0,'Stock_Id',stock_id)
8
9   # 新增資料表
10  df.to_sql('日頻資料',conn,if_exists='append',index=False)
11
12 # 新增 2317 資料
13 insert_data(stock_id=2317, start='2023-08-01')
```

以上程式可以依據**股票代號**及**開始期間**來新增股票資料。接下來，讓我們試試看使用 SQL 語法來存取特定資料，請執行下一個儲存格：

34

↙ 選擇欄位

```
1 query = ("SELECT Stock_id, Date, Close "
2          "FROM 日頻資料 "   ← 選擇資料表        ↙ 搜尋條件
3          "WHERE Date < '2023-08-15' AND Stock_id = '2317'")
4 df = pd.read_sql(query, conn, parse_dates=['Date'])
5 df.tail()
```

在以上程式碼中，我們定義了一個 query 的 SQL 查詢字串，並使用 read_sql 方法將資料讀入 df 表格中。

🖥 執行結果：

	Stock_Id	Date	Close
4	2317	2023-08-08	110.5
5	2317	2023-08-09	110.5
6	2317	2023-08-10	110.0
7	2317	2023-08-11	108.5
8	2317	2023-08-14	110.0

▲ 依條件挑選出所需的欄位

　　最後處理完資料庫的操作後要記得進行資料庫更改，請執行下一個儲存格更改並關閉資料庫：

35

```
1 conn.commit()   ← 保存資料庫修改
2 conn.close()    ← 關閉資料庫
```

　　關閉資料庫後，請記得將資料庫進行下載，未來若要更新資料就可以直接使用此資料庫。

　　在本章中，我們介紹了股市資料蒐集的各種方式，也學會如何搭建一個簡易的資料庫。希望閱讀到此的讀者，能對各種類型股市資料有更深刻的認識，且能夠更熟悉資料處理、存取及搭建資料庫的步驟。對於不熟 SQL 語法的讀者，本章內容確實略為艱澀，但如果你希望深入股市分析領域，掌握這些知識肯定對你有所幫助。

MEMO

04

讓 AI 計算技術指標及
資料視覺化

在第 2 章中，我們已經學會如何串接 OpenAI API，並建構簡單
的聊天機器人了。在這一章，我們將進一步挖掘 AI 的潛能，讓
AI 自動進行資料處理並計算「任意」技術指標。接著，我們會
進入到「資料視覺化」的領域，這也是在使用 Python 進行股市
分析時的必備技能。藉由將資料轉換成生動的圖表，能夠幫助
我們快速辨識股價的趨勢走向、更精準地進行分析。

4.1 技術指標公式太複雜？讓 AI 自動化計算

對於技術面分析來說，技術指標扮演著非常重要的角色。藉由觀察這些指標，能夠幫助投資人理解市場趨勢、市場情緒或動能。但是，技術指標有成千上萬種，甚至有些根本連聽都沒聽過，這些公式的計算方法也很複雜。那有沒有什麼辦法能夠幫助我們輕鬆地計算出這些指標呢？

在這一節中，我們會以幾種最常用的技術指標為範例，介紹如何透過串接 OpenAI API 的方式，請 AI 回傳「任意」技術指標的程式碼並自動進行 DataFrame 的資料處理。筆者認為，未來程式開發的樣貌會有所不同，不再需要從頭手刻程式碼，讓 AI 自動進行數據分析及資料處理會是一大趨勢，這也是本書想傳達給各位讀者的核心理念之一。

📊 前置作業

請讀者開啟下列 Colab 網址，搭配本書並依照儲存格順序依序執行。Colab 網址：

```
https://bit.ly/stk_ch04
```

請執行第 1 個儲存格來安裝與匯入相關套件：

1

```
1 !pip install openai
2 !pip install yfinance
3 from  openai import OpenAI, OpenAIError      # 串接 OpenAI API
4 import yfinance as yf
5 import pandas as pd                          # 資料處理套件
6 import datetime as dt                        # 時間套件
```

程式碼詳解：

● 第 3 行：OpenAI 所提供的官方套件，用於串接 OpenAI API，於第 2 章有詳細介紹。

● 第 4 行：Yahoo Finance 的資料套件，方便取得股市資料，於第 3 章有詳細介紹。

● 第 5 行：Python 資料處理的強大套件，支援 DataFrame 的數據結構，方便我們以結構化的方式進行表格的處理與分析。

● 第 6 行：時間處理套件，在分析時間序列資料時非常好用。

接著，我們會使用 yfinance 來抓取股市資料，請執行第 2 個儲存格：

2

```
1  # 輸入股票代號
2  stock_id = "2330.tw"
3  # 抓取半年資料
4  end = dt.date.today()                    # 資料結束時間
5  start = end - dt.timedelta(days=180)     # 資料開始時間
6  df = yf.download(stock_id, start=start, end=end).reset_index()
7
8  print(df)
```

在以上程式碼中，我們首先設定要查詢的股票代號 "2330.tw"（此範例以台積電為例，你可以改成其他的股票代碼）。接著，我們使用 date.today() 方法獲取當前的日期作為**資料的結束時間**，並使用 timedelta() 函式來計算半年前的日期作為**資料的開始時間**。另外，若未使用 reset_index()，所下載的股票資料會自動將日期設為索引。為了讓 AI 能清楚各欄位名稱，建議加上 reset_index() 來重設索引。

與第 2 章相同，輸入 **API KEY** 來設定金鑰，請執行下一個儲存格：

3

```
1  import getpass
2  api_key = getpass.getpass("請輸入金鑰: ")
3  client = OpenAI(api_key=api_key)
```

輸入金鑰並 Enter 確認後，我們就可以開始創建 GPT 模型了：

4

```
1  # GPT 3.5 模型
2  def get_reply(messages):
3    try:
4      response = client.chat.completions.create(model="gpt-3.5-turbo",
5                           messages=messages)
6      reply = response.choices[0].message.content
7    except OpenAIError as err:
8      reply = f"發生 {err.type} 錯誤 \n{err.message}"
9    return reply
10
11  # 設定 AI 角色,使其依據使用者需求進行 df 處理
12  def ai_helper(df, user_msg):
13
14    msg = [{
15      "role":
16      "system",
17      "content":                        ← 系統角色訊息
18      f"As a professional code generation robot, \n\
19        I require your assistance in generating Python code \n\
20        based on specific user requirements. To proceed, \n\
21        I will provide you with a dataframe (df) that follows the \n\
22        format {df.columns}. Your task is to carefully analyze the \n\
23        user's requirements and generate the Python code \n\
24        accordingly.Please note that your response should solely \n\
25        consist of the code itself,\n\
26        and no additional information should be included."
27    }, {
28      "role":
29      "user",
```

欄位名稱 （指向 {df.columns}）

NEXT

```
30      "content":                    ← 使用者需求
31      f"The user requirement:{user_msg} \n\
32      Your task is to create a function named 'calculate(df)' \n\
33      that takes a dataframe as input. The function should process \n\
34      the dataframe and return only the processed dataframe. \n\
35      Please ensure that your response includes the Python code \n\
36      for the 'calculate(df)' function \n\
37      and does not include any other content."
38      }]                              ← 使用者角色訊息
39
40  reply_data = get_reply(msg)
41  return reply_data
```

在第 4 個儲存格中，我們使用 get_reply() 函式來建構一個基本的 GPT 3.5 模型，此函式於第 2 章有詳細介紹過，在此就不再贅述了。接著，另外設定一個 ai_helper() 函式來預先撰寫要輸入到模型的指令。以下為程式碼詳解：

Tip
若要讓回傳的程式碼更準確，第 4 行可以改用 GPT 4 模型。

● 第 12 行：ai_helper() 函式，此函式會接受一個 **DataFrames 資料 (df)** 及**使用者需求 (user_msg)**。這個函式的主要目的是將指令輸入到 GPT 模型中，從中獲得 AI 所生成的程式碼並進行 df 表格資料的處理。

● 第 14 行：訊息串列。在此我們預先設定好兩個角色，分別是 "system" 與 "user" 的訊息指令。

● 第 15~26 行："system" 系統角色訊息。將 AI 設定為「Python 程式碼生成機器人」，並提供 df.columns（欄位名稱），以供 AI 預先了解我們的 df 資料格式。

● 第 31~37 行："user" 使用者訊息。讓 AI 根據提供的 user_msg 生成名為 calculate(df) 的 Python 函式

📊 讓 AI 自動生成技術指標程式碼

設定好模型後，就能讓 AI 依據我們的需求來計算技術指標了！或許可能有讀者會有疑問，如果要計算技術指標的話，現在已經有像 TA-Lib 的強大套件了，為什麼要用 AI 來進行計算呢？原因在於，後續我們會讓使用者用白話進行互動，使用 TA-Lib 來計算的話，每種指標的函式與參數都不同，使用者需要先行了解各個函式的名稱與功能；AI 則可以藉由**自然語言來判斷我們的需求**、生成更為「客製化」的程式碼。除此之外，AI 還能進行 df 格式的資料處理，幫助我們將日頻資料轉換成月頻、月頻轉換成年頻或自動進行 df 的資料合併等複雜功能。

閱讀完本節後，相信你就能漸漸了解如何讓 AI 依據我們的需求來進行資料處理。讓我們一步一步來，先從幾種基本的技術指標開始計算吧！

移動平均線 (Moving Average, MA)

移動平均線 (MA) 是一種最常見的技術指標，會將一定時間內的收盤價進行平均，根據不同的天數（通常周線 5 天、月線 20 天、季線 60 天），能夠反應短期、中期或長期的價格「趨勢」或「動能」。俗稱的「黃金交叉」或「死亡交叉」就是短線向上或向下穿越長線的狀況。

移動平均線包括**簡單移動平均 (SMA)** 與**指數移動平均 (EMA)** 兩種。SMA 會各日的收盤價除以天數來進行簡單平均；EMA 則會給較近期的價格更高的權重，使其對於目前的價格變化更加敏感。

請執行以下儲存格來讓 AI 計算移動平均線：

5

```
1 code_str = ai_helper(df, "計算 8 日 MA 與 13 日 MA ")
2 print(code_str)        ← 可以客製化使用者需求
3 exec(code_str) # 執行 AI 生成的程式碼，程式碼中會定義 calculate(df)函式
4 new_df = calculate(df)
5 new_df.tail()  # 查看最後五筆資料
```

Tip

若未特別説明，通常 MA 指的就是 SMA。

　　在上述程式碼中，首先我們會將**使用者需求**輸入至 ai_helper() 函式。透過這一步，AI 會回傳相應的程式碼。另外，因為 GPT 模型的回答 code_str 實際上是一段程式碼的「字串」。為了在 Python 中實際執行這段字串的程式碼，需要使用 exec() 函式來執行，程式碼中會創建一個名為 calculate() 的函式。最後，我們就能將原本的 df 輸入至這個新創建的 calculate() 函式中，並進行技術指標的運算了！

🖥 執行結果：

```
def calculate(df):
    df['8_day_MA'] = df['Close'].rolling(window=8).mean()      ── AI 產生的
    df['13_day_MA'] = df['Close'].rolling(window=13).mean()      MA 程式碼
    return df
```

	Date	Open	High	Low	Close	Adj Close	Volume	8_day_MA	13_day_MA
116	2023-08-28	547.0	553.0	547.0	549.0	549.0	8991985	546.500	545.692308
117	2023-08-29	551.0	553.0	546.0	552.0	552.0	10516678	547.500	545.769231
118	2023-08-30	558.0	560.0	554.0	555.0	555.0	15117416	549.500	546.461538
119	2023-08-31	553.0	556.0	548.0	549.0	549.0	40431378	551.000	547.076923
120	2023-09-01	543.0	553.0	543.0	548.0	548.0	13669766	551.875	547.538462

新增的欄位

指數平滑異同移動平均線
(Moving Average Convergence Divergence, MACD)

MACD 也是一種常用的價格趨勢指標，建構於 EMA 的基礎上，所以相較於一般的 SMA 線，MACD 更在乎近期的價格趨勢。在技術分析中，MACD 柱狀圖可以看出股價趨勢是否反轉。我們可以直接觀察 MACD 柱狀圖**由負轉正**或**由正轉負**的時候，即為買賣的進出點。

要計算出 MACD，需先使用短線 EMA 減去長線 EMA 得出**差值（快線）**，接著將差值進行平滑處理得出**信號線（慢線）**，最後將兩者相減即可得到 MACD 柱狀圖。

請執行下一個儲存格來計算 MACD：

6

```
1 code_str = ai_helper(df, "計算MACD, 欄位名稱用 MACD Histogram 命名")
2 print(code_str)                        ↖ 可依據使用者需求命名欄位
3 exec(code_str)
4 new_df = calculate(df)
5 new_df.tail()
```

🖥 執行結果：

AI 產生的 MACD 程式碼

```
def calculate(df):
    df['MACD Line'] = df['Close'].ewm(span=12, adjust=False).mean() - df['Close'].ewm(span=26, adjust=False).mean()
    df['Signal Line'] = df['MACD Line'].ewm(span=9, adjust=False).mean()
    df['MACD Histogram'] = df['MACD Line'] - df['Signal Line']
    return df
```

	Date	Open	High	Low	Close	Adj Close	Volume	MACD Line	Signal Line	MACD Histogram
116	2023-08-28	547.0	553.0	547.0	549.0	549.0	8991985	-4.587687	-5.837462	1.249775
117	2023-08-29	551.0	553.0	546.0	552.0	552.0	10516678	-4.004151	-5.470800	1.466649
118	2023-08-30	558.0	560.0	554.0	555.0	555.0	15117416	-3.262016	-5.029043	1.767027
119	2023-08-31	553.0	556.0	548.0	549.0	549.0	40431378	-3.122030	-4.647641	1.525610
120	2023-09-01	543.0	553.0	543.0	548.0	548.0	13669766	-3.056548	-4.329422	1.272874

相對強弱指標 (Relative Strength Index, RSI)

RSI 指標通常用來判斷市場是**超買**還是**超賣**，範圍介於 0 ~ 100 之間。當 RSI 大於 70 ~ 80 時，代表目前可能被過度買入，未來賣壓較強；而 RSI

小於 20 ~ 30 時，則代表可能被過度賣出，未來買壓較強。我們可以使用 RSI 指標來判斷是否出現反轉訊號，當 RSI 大於 70 ~ 80 時為賣出的訊號點；小於 20 ~ 30 時則為買入的訊號點。

　　RSI 指標的概念很簡單，計算方法是將一段時間內的**漲幅平均值 /（漲幅平均值 + | 跌幅平均值 |)**，進而觀察目前市場是否有過熱或過冷的現象。

　　請執行下一個儲存格來計算 RSI：

7

```
1 code_str = ai_helper(df, "計算 RSI ")
2 print(code_str)          ← 輸入使用者需求
3 exec(code_str)
4 new_df = calculate(df)
5 new_df.tail()
```

🖥 執行結果：

```
def calculate(df):
    # Calculate the price difference          AI 產生的 RSI 程式碼
    df['Price_diff'] = df['Close'].diff()

    # Calculate the average gain and average loss
    df['Gain'] = df['Price_diff'].apply(lambda x: x if x > 0 else 0)
    df['Loss'] = df['Price_diff'].apply(lambda x: abs(x) if x < 0 else 0)

    # Calculate the average gain and average loss over a specific period
    period = 14
    df['Avg_gain'] = df['Gain'].rolling(window=period).mean()
    df['Avg_loss'] = df['Loss'].rolling(window=period).mean()

    # Calculate the relative strength (RS) and relative strength index (RSI)
    df['RS'] = df['Avg_gain'] / df['Avg_loss']
    df['RSI'] = 100 - (100 / (1 + df['RS']))

    # Dropping unnecessary columns
    df = df.drop(['Price_diff', 'Gain', 'Loss', 'Avg_gain', 'Avg_loss', 'RS'], axis=1)

    return df
```

	Date	Open	High	Low	Close	Adj Close	Volume	RSI
116	2023-08-28	547.0	553.0	547.0	549.0	549.0	8991985	47.945205
117	2023-08-29	551.0	553.0	546.0	552.0	552.0	10516678	48.648649
118	2023-08-30	558.0	560.0	554.0	555.0	555.0	15117416	52.702703
119	2023-08-31	553.0	556.0	548.0	549.0	549.0	40431378	52.000000

布林通道 (Bollinger Bands)

　　布林通道主要由移動平均線、上軌線與下軌線組成，中間會形成一個通道。通道的兩端分別代表**買入或賣出的壓力線**，當股價觸及上軌線時，可視為賣出訊號；觸及下軌線時，可視為買入訊號。

　　布林通道結合了移動平均線及標準差的概念。通常來說，上軌線是由移動平均線加上 2 個標準差；下軌線則是移動平均線減去 2 個標準差。但有些人可能會用 1 或 1.5 個標準差來計算。

　　請執行下一個儲存格來計算布林通道：

8

```
1 code_str = ai_helper(df, "請計算 1.5 個標準差的布林通道，\n\
2                       欄位以Upper Band和Lower Band命名")
3 print(code_str)        ← 詳細地輸入需要客製化的需求
4 exec(code_str)
5 new_df = calculate(df)
6 new_df.tail()
```

🖥 執行結果：

```
def calculate(df):
    df['Upper Band'] = df['Close'].rolling(window=20).mean() + (1.5 * df['Close'].rolling(window=20).std())
    df['Lower Band'] = df['Close'].rolling(window=20).mean() - (1.5 * df['Close'].rolling(window=20).std())
    return df
```

	Date	Open	High	Low	Close	Adj Close	Volume	Upper Band	Lower Band
116	2023-08-28	547.0	553.0	547.0	549.0	549.0	8991985	563.944866	536.555134
117	2023-08-29	551.0	553.0	546.0	552.0	552.0	10516678	562.294383	536.905617
118	2023-08-30	558.0	560.0	554.0	555.0	555.0	15117416	560.309056	537.690944
119	2023-08-31	553.0	556.0	548.0	549.0	549.0	40431378	558.887587	537.912413
120	2023-09-01	543.0	553.0	543.0	548.0	548.0	13669766	558.399591	537.800409

AI 產生的布林通道程式碼

能量潮指標 (On-Balance Volumem, OBV)

　　OBV 指標為一種量能指標，主要用來評估成交量的動能。若我們只觀察成交量的話，無法知道目前資金是逐漸進入市場還是離開市場。但**透過**

OBV 指標，就可以簡單地對於資金進出入的方向進行判斷。若 OBV 大量增加，可能代表有大量資金正在進入市場；反之，則代表可能有大量資金正在離開市場。透過 OBV 指標，可以檢測是否有量價背離的情況發生。

OBV 指標的計算方法為：

● 若今日收盤價 > 昨日收盤價，今日 OBV = 昨日 OBV + 今日成交量

● 若今日收盤價 < 昨日收盤價，今日 OBV = 昨日 OBV - 今日成交量

● 若收盤價相等，則今日 OBV = 昨日 OBV

請執行下一個儲存格來計算 OBV 指標：

9

```
1 code_str = ai_helper(df, "計算 OBV 指標")
2 print(code_str)
3 exec(code_str)
4 new_df = calculate(df)
5 new_df.tail()
```

🖥 執行結果：　　　　　　　　　AI 產生的程式碼

```
def calculate(df):
    df['OBV'] = 0
    df.loc[df['Close'] > df['Close'].shift(1), 'OBV'] = df['Volume']
    df.loc[df['Close'] < df['Close'].shift(1), 'OBV'] = -df['Volume']
    df['OBV'] = df['OBV'].cumsum()
    return df
```

	Date	Open	High	Low	Close	Adj Close	Volume	OBV
116	2023-08-28	547.0	553.0	547.0	549.0	549.0	8991985	25894703
117	2023-08-29	551.0	553.0	546.0	552.0	552.0	10516678	36411381
118	2023-08-30	558.0	560.0	554.0	555.0	555.0	15117416	51528797
119	2023-08-31	553.0	556.0	548.0	549.0	549.0	40431378	11097419
120	2023-09-01	543.0	553.0	543.0	548.0	548.0	13669766	-2572347

我們可以修改所下的指令，來讓 AI 生成各種不同技術指標的程式碼，例如：報酬率、波動度、RSV、ADX 或隨機指標等等。甚至，如果你有特殊的計算方法的話，也可以告訴 AI，讓它幫你進行客製化的計算！不過，雖然 AI 能夠簡單地計算出技術指標，但筆者認為，理解指標背後的概念與意義才是最重要的。

TIP

本節中所計算的技術指標只能當作策略參考，並非保證 100% 準確。建議使用時需搭配其它的分析方法和資訊，才能做出更為穩健的決策。

📊 資料處理自動化

我們可以沿用之前的程式與指令，讓 AI 進行資料頻率的轉換。以下是日 K 線資料轉換成月 K 線資料的範例：

10

```
1 code_str = ai_helper(df, "請將日K線的資料轉換成月K線 ")
2 print(code_str)
3 exec(code_str)
4 new_df = df
5 df_monthly = new_df
6 df_monthly = calculate(df_monthly)
7 df_monthly.tail()
```

🖥 執行結果：

```
def calculate(df):
    df['Date'] = pd.to_datetime(df['Date'])
    df = df.resample('M', on='Date').agg({'Open':'first', 'High':'max',
    'Low':'min', 'Close':'last', 'Adj Close':'last', 'Volume':'sum'}).reset_index() return df
```

	Date	Open	High	Low	Close	Adj Close	Volume
2	2023-05-31	500.0	574.0	494.5	558.0	555.399292	668021527
3	2023-06-30	550.0	594.0	550.0	576.0	576.000000	491871436
4	2023-07-31	578.0	591.0	557.0	565.0	565.000000	426918140
5	2023-08-31	565.0	569.0	534.0	549.0	549.000000	429450361
6	2023-09-30	543.0	557.0	543.0	557.0	557.000000	23200923

▲ 只要輸入一個指令，AI 就能輕鬆地幫我們抓出每月的開盤、最高、最低與收盤價

閱讀到這邊的讀者應該可以發現，這個程式的應用層面非常廣泛。不僅可以計算技術指標，還能要求 AI 幫我進行資料頻率的轉換。進一步的說，這個程式不僅僅限於股市資料的應用，同樣能對各種 df 資料進行處理。例如，資料分割、統計分析或缺失值處理等等。甚至，只要稍微修改 ai_helper() 函式的指令，還能要求 AI 同時進行多個 df 資料處理或合併。

4.2　資料視覺化

在這一節中，會進入到股票分析中的另一個領域－**資料視覺化**。資料視覺化是將原始的表格數據轉化為圖表的過程，這有助於更直觀、快速地理解數據的趨勢。在股票分析中，資料視覺化是一個非常關鍵的角色。不論是折線圖、柱狀圖、K 折線圖或其他複雜的圖表，這些都可以幫助投資人更清晰地理解市場動態和變化。

我們會循序漸進地介紹如何將複雜的數據資料轉換成簡單易懂的圖表。本節先使用 matplotlib 套件來繪製出簡易的股價圖。接著，透過 mplifinance, 的技術分析繪圖套件，來繪製較為複雜的 K 線圖。下一節，我們將使用功能更強大的 plotly 套件，來創建具互動性的圖表。就讓我們開始吧！

📊 繪製股價圖：matplotlib

matplotlib 是一個非常知名的二維繪圖套件，非常簡單就能上手。我們可以用這個套件來繪製股價折線圖、柱狀圖等多種平面圖表。請先執行第 11 個儲存格來匯入 matplotlib 套件：

11

```
1 import matplotlib.pyplot as plt
```

4-13

在資料視覺化過程中，首先我們要理解自己的資料結構，這樣才能確定哪些欄位需要進行繪製。請執行第 12 個儲存格：

12

```
1 new_df = new_df.reset_index() # 重設 index
2 #將 Date 轉換為 datetime 類別
3 new_df['Date'] = pd.to_datetime(new_df['Date'])
4 new_df.tail()                    # 顯示後五筆資料
```

在計算技術指標時，AI 有時會將 Date 設置為 index 欄位，為了統一資料格式，我們用以上程式將 index 進行重設。

	index	Date	Open	High	Low	Close	Adj Close	Volume	8-day MA	13-day MA	...
116	116	2023-08-29	551.0	553.0	546.0	552.0	552.0	10516678	547.500	545.769231	...
117	117	2023-08-30	558.0	560.0	554.0	555.0	555.0	15117416	549.500	546.461538	...
118	118	2023-08-31	553.0	556.0	548.0	549.0	549.0	40431378	551.000	547.076923	...
119	119	2023-09-01	543.0	553.0	543.0	548.0	548.0	13669766	551.875	547.538462	...
120	120	2023-09-04	549.0	557.0	549.0	557.0	557.0	9531157	552.500	548.692308	...

5 rows × 23 columns

▲ 繪製前，建議先了解 df 的格式及欄位名稱

繪製股價圖

接下來，我們會用收盤價作為要繪製的欄位，畫出最簡單的股價圖，請執行下一個儲存格：

13

```
1 #畫布尺寸大小設定
2 plt.figure(figsize=(12, 6))
```

NEXT

```
 3
 4  # 設定要繪製的資料欄位
 5  plt.plot(new_df['Close'], label='Close')
 6
 7  # 設定 x 軸的時間
 8  num = 10                        # 設定顯示幾筆時間標籤
 9  date = new_df["Date"].dt.strftime('%Y-%m-%d')
10  plt.xticks(date[::len(date)//num].index,
11              date[::len(date)//num], rotation = 45)
12
13  # 設定圖表的標題, x 軸和 y 軸的標籤
14  plt.title(f'{stock_id}')        # 將股票代號設為圖標
15  plt.xlabel('Date')              # x 軸標籤
16  plt.ylabel('Price', rotation=0, ha='right')  # y 軸標籤
17  plt.legend(loc='upper left')                  # 在左上角顯示圖例
18  plt.grid(True)                                # 在圖上顯示網格
19  plt.tight_layout()
20
21  # 顯示圖表
22  plt.show()
```

程式碼詳解：

● 第 2 行：plt.figure() 是 matplotlib 中用來設定新畫布及外觀的函式，包括畫布尺寸、解析度及背景顏色等。常用的參數如下：

參數	說明
figsize	以英吋顯示的畫布大小, 分別為 (寬, 高)
dpi	圖表解析度, 預設值為 100
facecolor	背景顏色, 可用顏色標籤 (如 "red"、"blue")、十六進制色碼 ("#FF0000"、"#0000FF") 或 RGB ((1, 0, 0)、(0, 0, 1)) 來顯示
edgecolor	邊框顏色

● 第 5 行：plt.plot() 是用於繪製折線圖的函數。此處將 new_df['Close'] 的資料作為 y 軸的值，並將標籤設為 'Close'。另外，若無特別指定，在繪製圖表時會自動將索引值作為 x 軸。

● 第 8 行：定義變數 num = 10，表示會在 x 軸上顯示 11 個時間刻度。

● 第 10~11 行：plt.xticks() 函數可以設定 x 軸的刻度。在這裡，我們每隔總資量長度 / num 來顯示一次刻度，總共會顯示 num + 1 次刻度。舉例來説，如果總資料長度為 200，num = 10，代表每隔 20 筆資料會顯示一次刻度，共顯示 11 次（加上第 0 筆資料）。最後的 rotation = 45 代表讓刻度旋轉 45 度以避免重疊。

Tip

若不做刻度的設定，直接將 datetime 類型的日期設為索引來繪圖的話，matplotlib 會直接將日期視為連續的時間序列，導致在繪製柱狀圖時會有空值。

● 第 14 行：plt.title() 函數能設定圖表的標題。此處我們設定一個 f 字串來讓標題顯示為股票代號。

● 第 15 行：使用 plt.xlabel() 函數設定 x 軸的標籤為 'Date'。

● 第 16 行：使用 plt.ylabel() 函數設定 y 軸的標籤為 'Price'，並指定不旋轉和靠右對齊。

● 第 18 行：plt.grid(True) 會在圖表上顯示格線，若不想顯示，可設定為 plt.grid(False)。

● 第 19 行：plt.tight_layout() 可將圖表填滿至整張畫布，當有多個子圖時，也能有對齊效果。

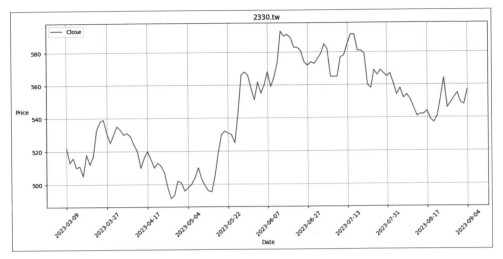

▲ 這樣就能繪製出簡易的收盤價折線圖了

加入成交量圖表

在使用某些股市 APP 時，很常看到股價下方會出現當日的成交量資訊，要怎麼設定才有能類似的效果呢？我們可以使用 matplotlib 的 subplots() 函式，這個函式能在同一張畫布上呈現多個子圖。讓我們執行第 14 個儲存格來畫畫看吧：

14

```
1  #創建兩張子圖
2  fig, (ax1, ax2) = plt.subplots(2, 1,
3                 figsize=(12, 8),
4                 gridspec_kw={'height_ratios': [2, 1]})
5
6  #設定 x 軸時間
7  num = 10
8  date = new_df["Date"].dt.strftime('%Y-%m-%d')
9
10 #繪製收盤價
11 ax1.plot(new_df['Close'], label='Close')
12 ax1.set_title(f'{stock_id}')
```

← 1 行
← 2 列
← 2 張圖的高度比例

NEXT

```
13  ax1.set_ylabel('Price', color='blue', rotation=0, ha='right')
14  ax1.set_xticks(date[::len(date)//num].index)
15  ax1.set_xticklabels(date[::len(date)//num], rotation=45)
16
17  # 繪製成交量
18  ax2.bar(new_df.index, new_df['Volume'], color='green')
19  ax2.set_ylabel('Volume', color='green', rotation=0, ha='right')
20  ax2.set_xticks([])      # 不顯示日期標籤
21                          # 若要顯示圖表標籤可以使用以下程式碼
22          # ax2.set_xticks(date[::len(date)//num].index)
23          # ax2.set_xticklabels(date[::len(date)//num], rotation=45)
24
25  # 讓子圖填充、對齊
26  plt.tight_layout()
27
28  # 顯示圖表
29  plt.show()
```

程式碼詳解：

● 第 2~4 行：subplots() 函式能將多張子圖繪製在同一張畫布上。在此
處，fig 代表一張主圖，(ax1, ax2) 代表兩張子圖。figsize 為英吋的寬高
比，gridspec_kw 則是一個字典類型的參數設定。其中，'height_ratios' 代
表兩張子圖的高度比例。

● 第 7~8 行：同樣地，我們先將時間欄位單獨取出，以利後續的刻度標
記。

● 第 11~16 行：使用 ax1.plot() 繪製收盤價的折線圖，設定基本上與前節
相同。

● 第 18~20 行：使用 ax2.bar() 繪製成交量的柱狀圖，並將顏色設置為綠
色以便區分。另外，這邊需要將 index 設為 x 軸，並設定了一個空集合
ax2.set_xticks([]) 來隱藏時間刻度。

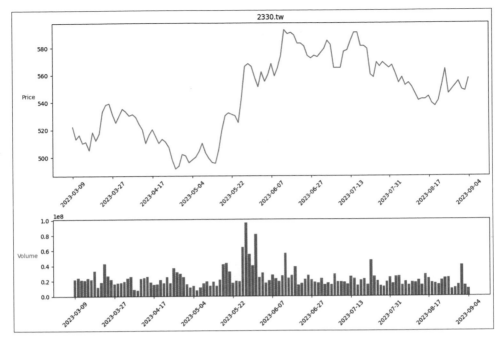

▲ 圖表越來越有模有樣了!

加入技術指標圖表

在這一小節中,我們將更進一步地把技術指標也繪製到圖表上,一口氣畫出 3 張子圖。在第 1 張圖中,我們會繪製布林通道的上軌線與下軌線,這樣可以更清楚地呈現股價的上下壓力與波動範圍。另外,我們會加入第 3 張圖,來繪製 MACD 柱狀圖,幫助了解股價動能的反轉點。

TIP

繪製圖表前,請檢查 Upper Band、Lower Band 與 MACD Histogram 的欄位名稱是否正確,否則程式可能無法順利執行。

請執行第 15 個儲存格:

```python
1  #創建三個子圖
2  fig, (ax1, ax2, ax3) = plt.subplots(3, 1,
3                         figsize=(12, 8),
4                         gridspec_kw={'height_ratios': [2, 1, 1]},
5                         sharex=True)
6
7  #設定 x 軸時間
8  num = 10
9  date = new_df["Date"].dt.strftime('%Y-%m-%d')
10
11 #繪製收盤價
12 ax1.plot(new_df['Close'], label='Close')
13 #加入布林通道
14 ax1.plot(new_df['Upper Band'], alpha=0.5)        # alpha 設定透明度
15 ax1.plot(new_df['Lower Band'], alpha=0.5)
16 ax1.set_title(f'{stock_id}')
17 ax1.set_ylabel('Price', color='blue', rotation=0, ha='right')
18 ax1.set_xticks(date[::len(date)//num].index)
19 ax1.set_xticklabels(date[::len(date)//num])
20
21 #繪製成交量
22 ax2.bar(new_df.index, new_df['Volume'], alpha=0.5, color='green')
23 ax2.set_ylabel('Volume', color='green', rotation=0, ha='right')
24
25 #繪製技術指標
26 ax3.bar(new_df.index, new_df['MACD Histogram'],
27          alpha=0.5, color='red')
28 ax3.set_ylabel('MACD', color='red', rotation=0, ha='right')
29
30 #調整子圖間的距離
31 plt.tight_layout()
32
33 #顯示圖表
34 plt.show()
```

手寫註解：
- 1 行 (指向 subplots(3, 1) 的 1)
- 3 列 (指向 subplots(3, 1) 的 3)
- 3 張圖的高度比例 (指向 height_ratios)
- 共用 x 軸 (指向 sharex=True)

　　從以上程式碼可以看出，如果要繪製 3 張子圖的話，我們只要將原先的 (ax1, ax2) 修改成 (ax1, ax2, ax3)，然後依樣畫葫蘆地對 ax3 的資料範圍進行設定，即可同時呈現多張子圖。程式碼詳解如下：

● 第 2~5 行：同樣使用 subplots() 函數來對 3 張子圖進行設定。比較特別的是，在這段程式碼中，我們額外加入一個參數 sharex 來讓 3 圖共用 x 軸。

● 第 14~15 行：在第 1 張子圖中，加入布林通道的上軌線與下軌線。為求美觀，設定透明度 alpha = 0.5。

● 第 26~28 行：使用 ax3.bar() 繪製 MACD 的柱狀圖，並將顏色設置為紅色。

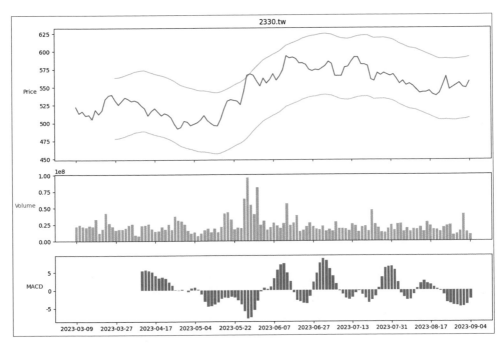

▲ 使用 matplotlib 就能繪製出具多種資訊的股價圖

📊 繪製 K 線圖：mplfinance

　　雖然用 matplotlib 可以簡單地呈現股價折線圖，但如果要繪製出更進階的 K 線圖，需要進行相當複雜的設定。還好 matplotlib 有推出專門為財金資料繪圖的擴充套件－ **mplfinance**，能夠幫助我們輕鬆地繪製出 K 線圖。為了避免有些讀者可能不太懂 K 線圖，在動手畫之前，讓我們先來介紹一下什麼是 K 線吧！

什麼是 K 線？

　　K 線是由一堆 K 棒集合而成的圖表，而每一根 K 棒主要由 4 個數字組成，分別為**開盤價**、**最低價**、**最高價**及**收盤價**。透過 K 棒，我們可以簡單地看出某段時間內的股價變化，因形狀與蠟燭非常相似，英文又稱為 Candlestick Charts。在台股中，紅色的 K 棒又稱為**陽線**，代表某段期間內的股價為「漲」，收盤價高於開盤價；綠色的 K 棒則稱為**陰線**，代表某段期間內的股價為「跌」，收盤價低於開盤價。要特別注意的是，「美股」剛好相反，紅 K 棒代表跌，而綠 K 棒才是漲。

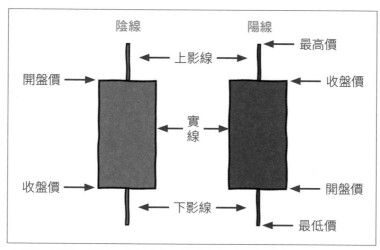

▲ 透過 K 棒，可以輕鬆地看出一段時間內的股價變化

　　依據時間頻率的不同，K 棒又能分為日 K、周 K 或月 K，甚至頻率更短一點，可以到 1 分 K、5 分 K 或 10 分 K。而 K 線圖則代表一堆 K 棒的集合。

畫出 K 線圖

請先執行第 16 個儲存格，來匯入 mplfinance：

16

```
1 !pip install mplfinance
2 import mplfinance as mpf
```

請繼續執行下一個儲存格，你也可以自行修改資料期間：

17

```
1 kplot_df = new_df.set_index('Date')
2 kplot_df = kplot_df['2023-05-18':'2023-08-18'] # 選擇資料時間
3 kplot_df.tail()
```

因為 mplfinance 是專為財金資料設計的套件，所以我們可以直接將 Date 設為索引值。在繪圖時，它會自動避免非交易日沒有資料，而導致繪圖不連續的情形。讓我們執行第 18 個儲存格，來畫畫看吧：

18

↙ K 線圖

```
1 mpf.plot(kplot_df, type='candle', title=f'{stock_id}')
```

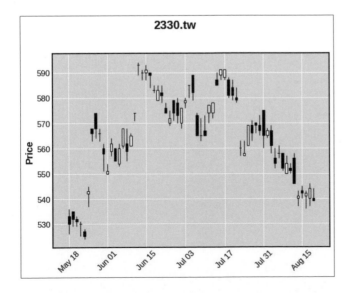

mplfinance 會自動判斷表格中欄位，並繪製出 K 線圖。如果要單純繪製線圖的話，也可以將 type 參數改為 'line'。

◀ 只要一行程式碼，就能繪製出簡單的 K 線圖 (此處的陽線為白色、陰線為黑色)

加入繪圖設定

　為了更符合台灣人看 K 線圖的習慣，接下來我們會把陽線改成紅色；陰線改成綠色。並加上樣式，讓繪製出的圖表更加美觀，請執行下一個儲存格：

19

```
1  #設置繪圖風格                        紅色為漲 ↘    ↙ 綠色為跌
2  my_color = mpf.make_marketcolors(up='r', down='g', inherit=True)
3  my_style = mpf.make_mpf_style(base_mpf_style='yahoo',
4                marketcolors=my_color)          ↖ yahoo 的樣式風格
5  #使用 mplfinance 繪製 K 線圖
6  mpf.plot(kplot_df, type='candle',
7            style=my_style, title=f'{stock_id}')
```

程式碼詳解：

● 第 2 行：mpf.make_marketcolors() 函式能用來設置 K 線圖的顏色。inherit 代表其它未定義的顏色會沿用 style 的樣式設定。

● 第 3 行：mpf.make_mpf_style() 函式內建了許多不同風格的繪圖樣式，讓我們可以透過 base_mpf_style 參數來一鍵修改風格。在此我們列出了幾種常用的風格：

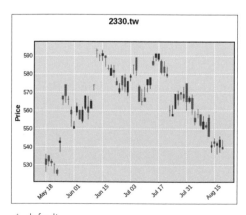

▲ default

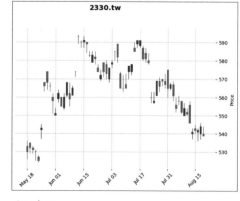

▲ yahoo

▲ binance

▲ nightclouds

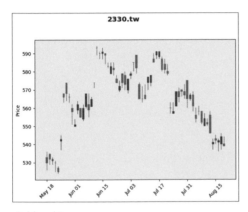
▲ blueskies

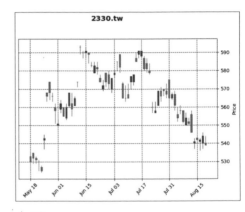
▲ sas

同時繪製多個子圖

　　單純只有 K 線圖的話肯定不夠專業。接下來，我們將跟前節一樣，加入成交量及各種技術指標，請執行第 20 個儲存格：

20

```
1 #設置繪圖風格
2 my_color = mpf.make_marketcolors(up='r', down='g', inherit=True)
3 my_style = mpf.make_mpf_style(base_mpf_style='yahoo',
4                 marketcolors=my_color)
```

NEXT

```
 5
 6  # 成交量和技術指標子圖
 7  ap = [
 8                          # 上軌線                              ↙ 顏色
 9      mpf.make_addplot(kplot_df['Upper Band'], color='red',
10                          alpha=0.5, linestyle='--'),
11                          # 下軌線    ↖ 透明度
12      mpf.make_addplot(kplot_df['Lower Band'], color='red',
13                          alpha=0.5, linestyle='--'),
14                          # 成交量        虛線 ↗   ↙ 第二個子圖
15      mpf.make_addplot(kplot_df['Volume'], panel=1, type='bar',
16                          color='g', alpha=0.5, ylabel='Volume'),
17                          # MACD                          ↙ 第三個子圖
18      mpf.make_addplot(kplot_df['MACD Histogram'], panel=2,
19                          type='bar', color='r',
20                          alpha=0.5, ylabel='MACD')
21  ]
22
23  # 使用 mplfinance 繪製 K 線圖
24  mpf.plot(kplot_df, type='candle', addplot=ap,
25          style=my_style, title=f'{stock_id}')# 虛線
```

　　在以上程式碼中，我們建立了一個名為 ap 的列表，用來存放新增的線段
或子圖。列表是由 mpf.make_addplot() 函式組成。這個函式的用途非常廣
泛，不但可以直接新增線段，還能透過**設置 panel 參數，將資料繪製在新
增的子圖上**。在最後，我們只需在 mpf.plot() 函式裡透過 addplot 參數設定
此列表，便能順利地將新增的線段和子圖一併繪出。

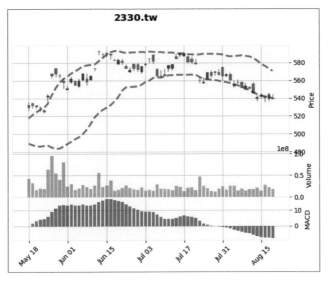

▲ mplfinance 套件的設定簡單, 不用撰寫複雜的程式碼就
能呈現豐富的視覺化結果

4.3　進階互動式圖表：plotly

在前幾節中, 我們主要著重在靜態圖表的繪製。但靜態圖表有個缺點,
這種固定的呈現方式可能會遺漏某些重要資訊, 也很難去察看特定日期
的詳細資料。所以在這節中, 我們會介紹專門繪製**互動式圖表**的套件－
plotly。這個套件可以繪製出高品質的動態圖表, 使用者可以用滑鼠縮放、
平移或懸停來查看資料點的詳細資訊。讓我們開始吧！

📊 互動式 K 線圖

為了避免原始資料受到修改, 我們先建立一個新的變數來存放資料並再
次檢視資料格式, 請先執行第 21 個儲存格：

```
1 bk_df = new_df
2 bk_df.index = bk_df["Date"].dt.strftime('%Y-%m-%d')
3 bk_df.tail()
```

接著，請執行下一個儲存格來匯入 plotly 套件：

22

```
1 import plotly.graph_objects as go
```

在這邊，我們選擇使用 plotly 套件中的 graph_objects 模組來進行繪製。與 plotly 的其它模組 (如 plotly.express) 相比，雖然 graph_objects 在設置上較為複雜，但它可以提供更加客製化的功能。例如，繪製多張子圖、各種按鈕或滑動條等。但別擔心，讓我們先從簡單的 K 線圖開始，請執行第 23 個儲存格來繪製出第一張互動式圖表吧：

23

```
1  #創建 K 線圖
2  fig = go.Figure(data=[go.Candlestick(x=bk_df.index,
3              open=bk_df['Open'],
4              high=bk_df['High'],
5              low=bk_df['Low'],
6              close=bk_df['Close'],
7              increasing_line_color='red',
8              decreasing_line_color='green')])
9
10 #調整寬高
11 fig.update_layout(
12     height=800,
13     width=1200
14 )
15
16 #顯示圖表
17 fig.show()
```

程式碼詳解：

● 第 2 行：使用 go.Figure() 類別來建構一個圖表物件，並使用 go.
Candlestick() 來生成 K 線圖。

● 第 7~8 行：為了讓 K 棒顏色與台股相同，用 increasing_line_color 及
decreasing_line_color 來設置漲跌顏色。

● 第 11 行：fig.update_layout 可以用來更新或修改圖表物件的屬性。以下
為一些常用的範例：

參數	說明
title	圖表標題
xaxis_title	x 軸標籤
yaxis_title	y 軸標籤
height	圖表高度
width	圖表寬度
paper_bgcolor	背景顏色
showlegnd	顯示圖例

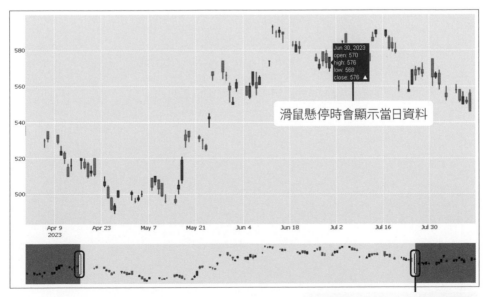

滑鼠懸停時會顯示當日資料

透過滑動條可以選擇時間範圍

移除非交易日空值

不知道你有沒有發現，一遇到非交易日，plotly 會自動補齊 x 軸的資料，導致產生繪圖不連續的問題，非常不美觀。這個問題與使用 matplotlib 繪圖時一樣，但因為 plotly 要求使用 Date 類型的索引來繪圖，所以我們要換個解決方案，來讓每根 K 棒相連。讓我們加上一段程式碼來解決這個問題：

24

```
15 # 省略部分程式碼
16 # 生成該日期範圍內的所有日期
17 all_dates = pd.date_range(start=bk_df.index.min(),
18                           end=bk_df.index.max())
19 # 找出不在資料中的日期
20 breaks = all_dates[~all_dates.isin(bk_df.index)]
21 dt_breaks = breaks.tolist()  # 轉換成列表
22 fig.update_xaxes(rangebreaks=[{'values': dt_breaks}])
```

為了移除掉非交易日的日期，首先我們使用 date_range() 函數來建立一個包含所有日期的列表，並過濾出所有不在資料中的日期。接著使用 fig.update_xaxes 方法中的 rangebreaks 參數來移除間斷日期並更新 x 軸資料，從而達到「跳過」非交易日的效果。

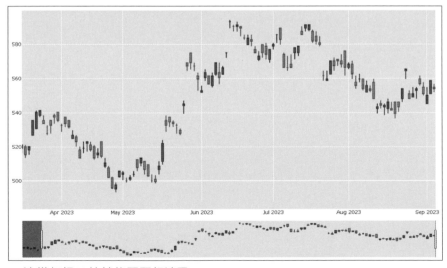

▲ 這樣每根 K 棒就能緊緊相連了

加入懸停十字軸

接著,我們會加入懸停十字軸。當使用者與圖表互動時,只要讓滑鼠懸浮在特定的資料點之上,圖表就會立即展示出醒目的十字軸,讓使用者能夠更精確地識別該資料點的具體位置。請執行以下儲存格:

25

```
10  # 省略部分程式碼
11  # 圖表更新 - 加入懸停十字軸        ↙ 開啟軸線      ↙ 顏色
12  fig.update_xaxes(showspikes=True, spikecolor="gray",
13                   spikemode="across")
14  fig.update_yaxes(showspikes=True, spikecolor="gray",
15                   spikemode="across")
                                    ↖ 橫跨整個繪圖區
```

在以上程式碼中,我們使用 fig.update_xaxes 與 fig.update_yaxes 方法來分別更新 x 軸與 y 軸的設定,以顯示滑鼠懸停時的十字軸。其中,spikemode 可以設定為 "across" 或 "toaxis",分別為橫跨整個繪圖區域或是僅繪製線段到資料點上。

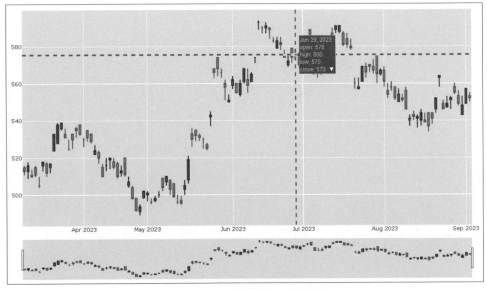

▲ 當滑鼠懸停時,會出現十字軸方便使用者對齊資料點位置

加入技術指標

接下來，我們將一口氣加入「成交量」、「MACD」及布林通道的「上下軌線」，並繪製在主圖及新的子圖上。除此之外，我們還會加入日期的**範圍選擇格**及修改**滑動條設定**，來呈現出更加專業的圖表。讓我們執行下一個儲存格吧：

26

```
⋮ (省略部分程式碼)
11  # 布林通道
12  fig.add_trace(go.Scatter(
13      x=bk_df.index, y=bk_df['Upper Band'],mode='lines',
14      line={'color': 'green','dash': 'dash'},name = "上軌線"))
15  fig.add_trace(go.Scatter(
16      x=bk_df.index, y=bk_df['Lower Band'], mode='lines',
17      line={'color': 'green', 'dash': 'dash'},name = "下軌線"))
18
19  # 成交量
20  fig.add_trace(go.Bar(
21      x=bk_df.index, y=bk_df['Volume'], marker={'color': 'green'},
22      yaxis='y2', name = "成交量"))
23
24  # MACD
25  fig.add_trace(go.Bar(
26      x=bk_df.index, y=bk_df['MACD'], marker={'color': 'red'},
27      yaxis='y3', name = "MACD"))
28
⋮ (省略部分程式碼)
35  # 更新畫布大小並增加範圍選擇
36  fig.update_layout(
37      height=800,
38      yaxis={'domain': [0.35, 1]},
39      yaxis2={'domain': [0.15, 0.3]},
40      yaxis3={'domain': [0, 0.15]},
41      title=f"{stock_id}",
42      xaxis={
```

NEXT

```
43                     # 範圍選擇格
44              'rangeselector': {
45                  'buttons': [
46                      {'count': 1, 'label': '1M',
47                       'step': 'month', 'stepmode': 'backward'},
48                      {'count': 6, 'label': '6M',
49                       'step': 'month', 'stepmode': 'backward'},
50                      {'count': 1, 'label': '1Y',
51                       'step': 'year', 'stepmode': 'backward'},
52                      {'step': 'all'}
53                  ]
54              },
55                     # 範圍滑動條
56              'rangeslider': {
57                  'visible': True,
58                  # 滑動條的高度 (設置 0.01 就會變單純的 bar)
59                  'thickness': 0.01,
60                  'bgcolor': "#E4E4E4"  # 背景色
61              },
62              'type': 'date'
63      }
64  )
```

　　若要在圖中新增線段，可以使用 fig.add_trace() 方法，並搭配 go.Scatter()
或 go.Bar() 來選擇要繪製折線圖還是柱狀圖。另外，我們可以透過設定
yaxis 來選擇要將線段繪製在哪個子圖上，以下為程式碼詳解：

● 第 12~17 行：使用 go.Scatter() 來繪製布林通道的上下軌線，並設定虛
　線樣式 Dash。

● 第 20~22 行：使用 go.Bar() 來繪製成交量，並設定 yaxis='y2' 來畫在第
　二張子圖上。

● 第 25~27 行：使用 go.Bar() 來繪製 MACD 柱狀圖，並設定 yaxis='y3' 來
　畫在第三張子圖上。

● 第 38~40 行：設定 y 軸（不同子圖）的顯示範圍，範圍介於 0~1 之間。舉例來說，yaxis={'domain': [0.35, 1]} 所佔的畫布比例為 65%。

● 第 44~54 行：設置 'rangeselector' 參數來增加日期範圍選擇格的功能，並設定不同時間選項的 ' buttons '，分別為一個月、半年、一年及全部時間。

● 第 56~61 行：設置 'rangeslider' 參數來增加日期滑動條的功能。要特別注意的是，在這邊我們將 'thickness' 設置為 0.01，才能讓滑動條內不包含任何的 y 軸資料，變成單純的 bar。

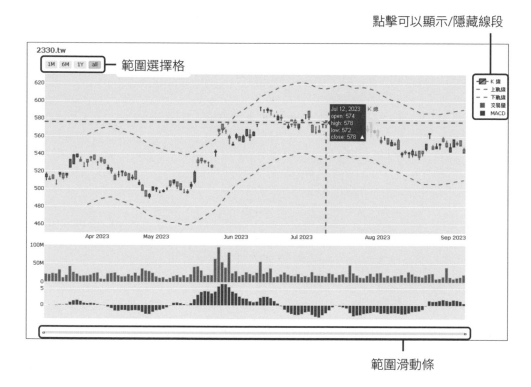

最後，為了方便操作，我們將**下載資料**、**AI 計算技術指標**及**繪製圖表**的程式寫成函式。接下來就能夠輸入任意的股票代號以及技術指標，直接生成圖表了！請繼續執行第 27 個儲存格：

```
1  # 下載資料並讓 AI 計算指標
2  def download_stock_data(stock_id, start=None,
3                          end=None, indicator='MACD'):
   ⋮ (省略部分程式碼)...
27     return bk_df
```

這個函式會接受股票代號 **stock_id**、開始時間 **start**、結束時間 **end** 及要計算的指標名稱 **indicator**，最後會回傳處理完的 df 表格。

```
29  # 繪製圖表函式
30  def create_stock_figure(stock_id, bk_df):
31  # 省略部分程式碼
47          # 找出需要繪製的欄位
48      columns = bk_df.columns
49      exclude_columns = ['index','Date', 'Open', 'High',
50                         'Low', 'Close', 'Adj Close', 'Volume']
51      remain_columns = [col for col in columns if
52                        col not in exclude_columns]
53      min_close = bk_df['Close'].min() - bk_df['Close'].std()
54      max_close = bk_df['Close'].max() + bk_df['Close'].std()
55          # 繪製技術指標
56      for i in remain_columns:
57        if min_close <= bk_df[i].mean() <= max_close:
58          fig.add_trace(go.Scatter(x=bk_df.index, y=bk_df[i],
59                          mode='lines', name=i))
60        else:
61          fig.add_trace(go.Scatter(x=bk_df.index, y=bk_df[i],
62                          mode='lines', yaxis='y3', name=i))
   ⋮ (省略部分程式碼)...
110     return fig
```

這個函式的程式碼基本上就是由第 26 儲存格修改而來，但比較不同的是，為了讓程式更加彈性化，我們會繪製出 AI 創建的所有欄位。另外，考慮到指標的範圍可能有大有小，因此設定了一個範圍（收盤價的最大與最小值，加減一倍標準差）。若某欄位的平均數落在這個範圍裡，就將其繪製在主圖上；反之，就繪製第 3 個子圖上。這樣做可以確保不同的技術指標能在適當的位置顯示。

```
112 # 主函式
113 def plotly_stock(stock_id, start=None, end=None, indicator='MACD'):
114
115     df = download_stock_data(stock_id, start, end, indicator)
116     fig = create_stock_figure(stock_id,df)
117     fig.show()
```

最後，將 download_stock_data() 與 create_stock_figure() 函式結合到一個主函式中，並設置為 plotly_stock()。讓我們試試看這個函式能不能順利執行吧：

28

```
1 plotly_stock("2317", start='2022-01-01', end= None,
2               indicator='布林通道及MACD')
```
↖ 可以輸入多個指標

🖥 執行結果：

```
[**********************100%%***********************]  1 of 1 completed
def calculate(df):
    # Calculate Bollinger Bands
    df['MA'] = df['Close'].rolling(window=20).mean()
    df['Std'] = df['Close'].rolling(window=20).std()
    df['Upper Band'] = df['MA'] + 2 * df['Std']
    df['Lower Band'] = df['MA'] - 2 * df['Std']

    # Calculate MACD
    df['12 EMA'] = df['Close'].ewm(span=12, adjust=False).mean()
    df['26 EMA'] = df['Close'].ewm(span=26, adjust=False).mean()
    df['MACD'] = df['12 EMA'] - df['26 EMA']
    df['Signal Line'] = df['MACD'].ewm(span=9, adjust=False).mean()

    return df
```

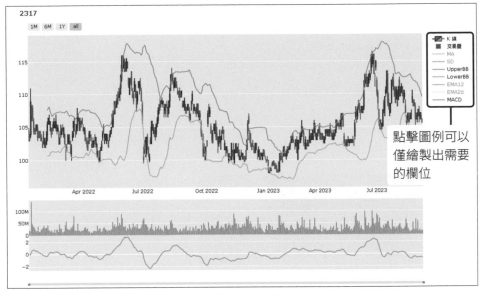

點擊圖例可以
僅繪製出需要
的欄位

▲ 完美地同時繪製出 MACD 與布林通道的上下軌線！

4.4 建構 Dash 應用程式

　　Dash 是一個整合 plotly 的輕量級網頁框架。特色在於，即便使用者沒有深厚的前端基礎，也能輕輕鬆鬆部署出具互動式的 web 應用程式，並呈現豐富的視覺化成果！在這一節中，我們將結合前面所學，在 Replit 上建構一個簡單的 Dash 應用程式。

📊 運行 Dash 應用程式

　　為了方便讀者可以一鍵運行程式，我們已經撰寫好程式碼並放置在 Replit 中，讀者可以依據以下步驟執行此專案：

　　複製 Replit 專案的步驟如下：

1 開啟專案網址：

https://replit.com/@flagtech/stkdash

2 將專案複製到自己的 Replit 帳戶中：

❸ 輸入環境變數 OPENAI_API_KEY：

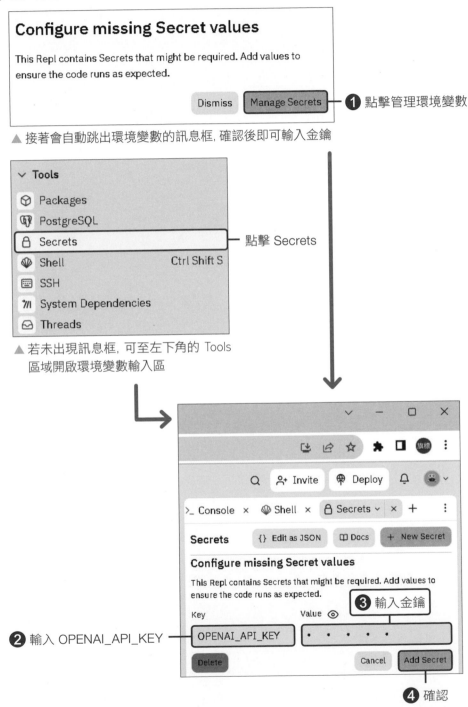

▲ 接著會自動跳出環境變數的訊息框, 確認後即可輸入金鑰

▲ 若未出現訊息框, 可至左下角的 Tools
　區域開啟環境變數輸入區

❹ 運行專案:

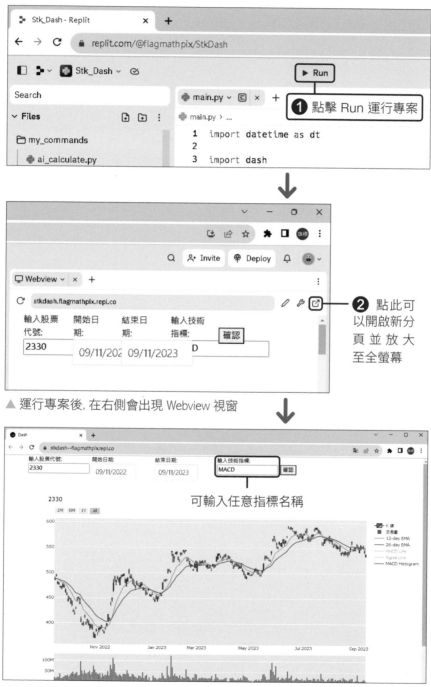

▲ 運行專案後, 在右側會出現 Webview 視窗

❶ 點擊 Run 運行專案

❷ 點此可以開啟新分頁並放大至全螢幕

可輸入任意指標名稱

▲ 最後即可看到我們部署好的 Dash 應用程式

📊 程式碼詳解：Dash 應用程式

在這個專案中，main.py 為建構 Dash 應用的主程式。而 my_commands 資料夾中則是**計算技術指標**及**圖表視覺化**的程式，與先前在 Colab 上建構的函式完全一樣。所以在這個小節中，**我們會著重介紹建構 Dash 的主程式**，了解其主要架構後，相信你也可以輕鬆部署自己的 Dash 應用程式。

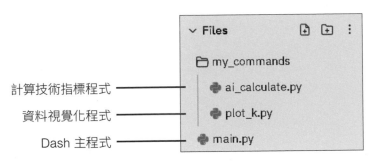

計算技術指標程式 ────
資料視覺化程式 ────
Dash 主程式 ────

◀ 在左側的 Files 區，為此程式的目錄架構。建議將不同功能的程式分開放置，方便未來擴充或修改功能

Python 程式碼：

```python
main.py

 1: # 匯入套件
 2: import datetime as dt
 3:
 4: import dash                          # Dash 框架
 5: import dash_bootstrap_components as dbc
 6: from dash import dcc, html
 7: from dash.dependencies import Input, Output
 8: from my_commands.ai_calculate import download_stock_data
 9: from my_commands.plot_k import create_stock_figure
10:
11: # 初始化 Dash 應用
12: app = dash.Dash(__name__,
13:                 external_stylesheets=[dbc.themes.BOOTSTRAP])
14:
15: # 前端展示頁面
```

NEXT

```
16: app.layout = dbc.Container([
17:                          # 第一列
18:     dbc.Row(
19:         [
20:             dbc.Col([
21:                 html.Label("輸入股票代號:"),
22:                 dcc.Input(id="stock-id-input", type="text",
23:                         value="2330"),
24:             ],
25:                 width=2),
26:             dbc.Col([
27:                 html.Label("開始日期:"),
28:                 dcc.DatePickerSingle(
29:                     id="start-date-input",
30:                     date=dt.date.today() - dt.timedelta(days=365)),
31:             ],
32:                 width=2),
33:             dbc.Col([
34:                 html.Label("結束日期:"),
35:                 dcc.DatePickerSingle(id="end-date-input",
36:                                 date=dt.date.today()),
37:             ],
38:                 width=2),
39:             dbc.Col([
40:                 html.Label("輸入技術指標:"),
41:                 dcc.Input(id="indicator-input", type="text",
42:                         value="MACD"),
43:             ],
44:                 width=2),
45:             dbc.Col(
46:                 [
47:                     html.Br(),  # 空行
48:                     html.Button("確認", id="update-button")
49:                 ],
50:                 width=2)
51:         ],
52:         className="mb-3"),
```

```
53:
54:                                # 第二列
55:     dbc.Row([dbc.Col([dcc.Graph(id="stock-graph")], width=12)])
56: ])
57:
58: # 定義回呼函式
59: @app.callback(Output("stock-graph", "figure"),
60:               [Input("update-button", "n_clicks")], [
61:               dash.dependencies.State("stock-id-input","value"),
62:               dash.dependencies.State("start-date-input","date"),
63:               dash.dependencies.State("end-date-input","date"),
64:               dash.dependencies.State("indicator-input","value")
65:               ])
66: def update_graph(n_clicks,stock_id,start_date,end_date,indicator):
67:     df = download_stock_data(stock_id,start_date, end_date, indicator)
68:     fig = create_stock_figure(stock_id, df)
69:     return fig
70:
71: # 運行主程式
72: if __name__ == "__main__":
73:     app.run_server(host='0.0.0.0', port=8080)
```

　　我們可以將以上程式碼分為四個大區塊：**初始化 Dash 應用、前端展示頁面、定義回呼函式**及**運行主程式**，而這也是在建構 Dash 應用程式時的基礎架構。在前端頁面部分，我們設計了一個交互式的操作頁面，讓使用者能夠輸入股票代號、日期範圍及任意的技術指標。回呼函式則負責處理這些輸入，取得相關數據並繪製視覺化圖表。以下為程式碼詳解：

● 第 2~9 行：匯入相關套件。包括 Dash 框架、Bootstrap 的相關組件、callback 回呼函式的 Input、Ouput 及自定義的函式。

TIP
Bootstrap 是一種前端框架，使用 12 欄的網格式架構來設計，並內建豐富的 CSS 樣式。方便研發人員設計網頁架構。

● 第 12~13 行：初始化 Dash 應用，並匯入 Bootstrap 的預設樣式。

● 第 16~56 行：使用 app.layout 來部署前端的展示頁面。首先，我們設置了一個容器 dbc.Container()，這個容器裝載了兩列 dbc.Row()，每一列之中則放置不同寬度的行 dbc.Col()。其中，第一列放置了輸入欄位及各種按鈕，允許使用者輸入股票代號、選擇日期範圍和技術指標；第二列則為圖表元件 dcc.Graph()，根據使用者的輸入顯示相應的圖表。12 欄的網絡設計如所示：

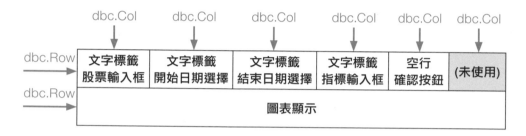

● 第 20~25 行：dbc.Col() 中放置了 html.Label() 及 dcc.Input() 的基本組成元件，每一行的寬度為 2。html.Label() 為**文字標籤**；dcc.Input() 則為**輸入框**。其中，id 為回呼函式的**辨識名稱**、type='text' 為文字類型輸入、value 則為**輸入值**。

● 第 28 行：dcc.DatePickerSingle() 為**日期選擇**的元件。

● 第 48 行：設置 html.Button() 作為**確認按鈕**。當使用者按下確認時，圖表會進行更新。

● 第 59~69 行：定義回呼函式，此為 Dash 交互式功能的核心。當使用者點擊確認按鈕時，此函式會獲取各元件的資料狀態，包括股票代號、開始及結束日期、要計算的技術指標 (Input)。接著，這些資料會被輸入至 update_graph() 函式中，經過處理後，繪製完的圖表 (Ouput) 會更新至網頁上。

● 第 72~73 行：運行主程式，並在指定的端口上創建 Dash 應用程式。

閱讀到這邊的讀者，應該可以感受到 Dash 的方便及強大之處。就算不懂複雜的前端語法，開發者也能僅透過 Python 來創建交互式的網頁應用，並快速地呈現出視覺化成果。

在這一章中，我們介紹了如何使用 AI 來計算技術指標或進行簡單的資料處理。雖然就現階段而言，AI 沒辦法生成過於複雜的程式，有時候也會有些許 bug，但筆者認為，透過 AI 來自動撰寫程式肯定是未來發展的一大方向。這不但能協助投資人節省時間，著重於資料的分析和解讀，且這種自動化的方式也能拓展至其他領域，簡化資料清理的繁雜工作。除此之外，我們也介紹了如何繪製各種類型的股市圖表，這無疑是投資分析中的必備技能，讓我們能夠更直觀地掌握股市趨勢，並迅速釐清分析中的要點。

MEMO

_____

_____

_____

_____

_____

_____

_____

_____

_____

_____

05

AI 技術指標回測

當我們在進行策略研究時, 股票回測是非常重要的一個環節, 能夠驗證策略的有效性以及進行風險管理、降低損失。在這一章中, 我們會介紹如何使用 Python 中的 backtesting 套件來進行股票回測, 並延續上一章的內容, 將強大的 GPT 模型加入回測系統中, 幫助我們產生技術指標的策略以及解析回測報告。

5.1 什麼是股票回測？

　　簡單來說，**股票回測**就是使用歷史資料來進行**模擬交易**。舉個例子，假設我們有一個短線 SMA 穿越長線 SMA 的策略，那要如何知道這個策略能不能賺錢呢？我們可以建立一個**虛擬帳戶、設定初始資金、每次的下單量**，然後當短線 SMA 向上穿越長線 SMA **(買入訊號)**，就模擬買進；當短線 SMA 向下穿越長線 SMA **(賣出訊號)**，就模擬賣出。我們將這個策略套用到某個歷史區間，不斷地重複買進賣出的動作，藉此觀察一段時間內的資金變化，最後會得到報酬率、交易勝率、最大可能損失…等一系列的回測結果。

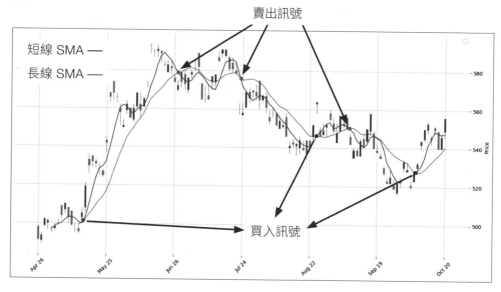

　　藉由觀察回測結果的好壞，方便我們比較不同策略間的差異，進而挑選出適合該檔股票的「最佳策略」，也能夠增加在實際下單時的信心。

Tip

若不考慮股價是否呈現隨機漫步，單就技術面分析來說，每檔股票的調性都不太一樣，有些股票可能外資愛操作，有些股票可能受到市場情緒波動大，所以同一種策略在每檔股票的回測結果可能會有很大的差異，一個賺錢的策略可能換檔股票就賠錢了。

📊 回測注意事項

但是！但是！但是！就算我們找到一個超級好的策略、回測結果也超棒，並不代表在未來就一定會賺錢。在實際的市場中，需要考慮到以下各種因素：

1. **回測時間選擇**：景氣有循環，股票也有！若回測時間不夠長的話，會導致結果產生偏誤。例如，設定回測期間為一年，而這一年剛好是該檔股票或整體大盤的上升階段，會導致隨便測、隨便好，什麼策略都能賺大錢。**建議設定較長的回測期間，或是分別制定熊市與牛市策略。**

2. **交易成本**：在進行回測時，要注意是否有考慮到交易成本。以台股來說，買賣股票的券商手續費通常為 0.1425 %，賣出股票時還要繳納 0.3 % 的證交稅（至 2024 年底，當沖有優惠稅率 0.15 %）。

3. **滑價成本 (Slippage)**：模擬交易時，當買賣訊號產生時，就一定能夠依據設定的價格進出場。但在實際交易時，會發現常常無法依理想的價格掛單買賣（尤其是成交量較低的股票）。例如某檔股票在 100 元時出現買入訊號，但掛單時，一直漲到 102 元才買到，這 2 元即是滑價成本。

Tip

在進行短線或當沖交易時，交易成本及滑價成本會吃掉一大部分利潤，也可能導致賺錢變賠錢；但若是進行長期策略，相對來說影響較小。

4. **過度配適 (Overfitting)**：在股市交易中，過度配適指的是某種策略過度契合某段期間的歷史資料，導致回測結果異常的好（尤其是使用機器學習來產生買賣訊號時）。建議可以將回測期間分段測試，或盡量不要透過**微調參數**的方式來增加回測結果的有效性（例如 5 天 sma 穿越 10 天 sma 的效果不好，就改成 7 天穿越 12 天…直到效果不錯）。

5. **前視偏誤 (Look-head bias)**：指的是在進行回測時，不小心使用到當下無法取得、未來的資料作為決策的判斷標準。舉例來說，當你在進行交易時，使用某種技術指標作為決策的買賣點，該指標是使用當天的「收盤價」來計算，但你卻設定，當買賣訊號發生時，以當天「開盤」的時間點進出。但在開盤時，根本無法取得收盤時的資料啊！所以就會導致回測結果有偏誤。另一個很常發生的狀況是，在使用機器學習產生買賣訊號時，加入上一年的損益表資料，但該公司的損益表在 3 月底才發布，前幾個月並沒有去年的損益表，進而產生錯誤的結果。

坦白說，在進行回測時，真的很難將上述所有問題都考慮進去，但至少能讓我們知道，當回測與實際下單時的結果有落差時，是哪裡出了問題。找出問題、理解問題的發生原因，也是在進行股票分析中很重要的一個環節。在下一節中，我們會介紹 Python 的回測套件 backtesting，透過簡單的幾行程式碼，就能執行股票回測並產生結果，作為我們邁入股票回測領域的敲門磚。

5.2 強大的回測工具：backtesting.py

backtesting 是一個非常好用的回測套件，程式碼簡潔，只要先定義好買賣策略，就能快速地生成回測結果，也能夠以視覺化的方式來呈現 K 線圖及訊號的發生點，濃縮上一章繪製 K 線圖的程式碼。在這一節中，我們同樣會以 Colab 作為範例專案。

📊 前置作業

請讀者先開啟下列 Colab 網址：

```
https://bit.ly/stk_ch05
```

開啟網址後，請將檔案複製到自己的雲端硬碟中，並執行第 1 個儲存格：

1

```
1  !pip install openai
2  !pip install yfinance
3  !pip install backtesting
4  !pip install bokeh==2.4.3                  # 繪圖套件
5  from  openai import OpenAI, OpenAIError    # 串接 OpenAI API
6  import yfinance as yf
7  import pandas as pd                         # 資料處理套件
8  import datetime as dt                       # 時間套件
9  from backtesting import Backtest, Strategy ─┐
10 from backtesting.lib import crossover       ─┴─ 回測套件
```

backtesting 是使用 bokeh 套件來繪製回測圖表，但在本書出版時，新版的 bokeh 會發生衝突問題，所以在上述程式碼中，我們重新安裝 bokeh 套件並指定版本為 2.4.3。接著，請執行下一個儲存格用 yfinance 下載股價資料：

2

```
1  # 輸入股票代號
2  stock_id = "2330.tw"
3  # 抓取 5 年資料                    ↙ 設定回測期間
4  df = yf.download(stock_id, period="5y")
5  # 計算指標
6  df['ma1'] = df['Close'].rolling(window=5).mean()
7  df['ma2'] = df['Close'].rolling(window=10).mean()
8  df.head()
```

為了方便理解 backtesting 的運作方式，在此我們先自行計算技術指標，並合併到 df 表格中。在本章的後續，這個工作會交由 AI 執行。另外，backtesting 套件嚴格要求資料表的格式，**開高低收的欄位要以「英文及首字大寫」的方式呈現，index 需要設置為日期格式**。

💻 執行結果：

```
[*******************100%%*********************]  1 of 1 completed
```

Date	Open	High	Low	Close	Adj Close	Volume	ma1	ma2
index 要設置成 datetime 的日期格式 英文且首字母大寫								
2018-09-26	263.0	263.5	261.0	263.5	231.295670	24859115	NaN	NaN
2018-09-27	264.0	266.0	262.0	265.0	232.612350	38495371	NaN	NaN
2018-09-28	266.0	266.0	260.0	262.5	230.417831	39626486	NaN	NaN
2018-10-01	262.0	264.0	261.0	263.0	230.856750	22254380	NaN	NaN
2018-10-02	262.0	263.0	257.0	257.5	226.028946	38391491	262.3	NaN

▲ 若由其他管道來下載資料, 需注意格式是否正確

📊 定義策略並產生回測結果

在使用 backtesting 套件進行回測時, 必須要以類別的方式建立策略。這樣的好處是, backtesting 已經先幫我們建立好 Strategy 的父類別, 透過繼承這個類別, 我們能讓策略的撰寫變得更簡潔、更容易維護。請執行下一個儲存格來建立簡單的 ma 穿越策略：

3

```
1 class CrossStrategy(Strategy):        ← 繼承自 Strategy 類別
2   def init(self):        ← 初始化類別
3     super().init()
4
5   def next(self):
6     if crossover(self.data.ma1, self.data.ma2):        ← 若 ma1 向上穿越 ma2, 就買入
7       self.buy(size=1)        ← 每次的下單的部位量
8     elif crossover(self.data.ma2, self.data.ma1):
9       self.sell(size=1)        ← 若 ma1 向下穿越 ma2, 就賣入
```

接下來, 直接執行下一個儲存格就可以看到回測結果了：

```
 1  backtest = Backtest(df,              ← 輸入資料
 2          CrossStrategy,               ← 策略
 3          cash=100000,                 ← 初始資金
 4          commission=0.004,            ← 手續費用
 5          margin=1,                    ← 槓桿比例
 6          hedging=False,               ← 當沖交易
 7          trade_on_close=False,        ← 依收盤價買賣
 8          exclusive_orders=False,      ← 是否保有多單
 9          )
10  stats = backtest.run()
11
12  # 印出回測績效
13  print(stats)
14
15  # 查看詳細的交易紀錄
16  stats["_trades"].head()
```

在以上程式碼中，我們使用 Backtest 建立一個回測物件，輸入參數後，即可調用 run 方法來執行回測，最後列印出回測績效。另外，若要查看詳細的交易紀錄的話，可以使用 stats["_trades"] 來查看 df 表格資料。以下為 Backtest 的參數介紹：

● **cash**：初始資金，也就是一開始擁有的本金。

● **commission**：每次執行交易時的手續費用比例。以普通股來說，每次買賣的手續費用約為 (0.1425% * 2 + 0.3 %) / 2 = 0.2925 %，但若要將「滑價成本」也考慮進去，可以藉由提高手續費用的方式，來讓策略更穩健。

● **margin**：槓桿交易的比例，數值位於 0~1 之間。若設定為 0.2, 代表相當於使用 5 倍的本金進行操作。

● **hedging**：是否開啟當沖交易，若設置為 False, 會依據先進先出法來買賣股票。這個參數在日內交易時才需要設置。

- **trade_on_close**：若設置為 True, 會依當日收盤價進行買賣；若設置為 False, 則會依據隔日的開盤價買賣。

- **exclusive_orders**：若設置為 True, 在進行下一筆交易時, 會自動沖銷上一筆交易, 保證每次手中只有一筆交易部位。

🖥 執行結果：

回測績效		説明
Start	2018/9/27	開始日期
End	2023/9/27	結束日期
Duration	1826 days	回測總天數
Exposure Time [%]	75.49	曝險期間, 代表持有部位占總天數的百分比
Equity Final [$]	100568.86	最終資產
Equity Peak [$]	100650.26	最高資產
Return [%]	0.57	總報酬率
Buy & Hold Return [%]	96.98	假如單純買入並持有, 會得到的總報酬率
Return (Ann.) [%]	0.12	年化報酬率
Volatility (Ann.) [%]	0.14	年化波動度
Sharpe Ratio	0.87	夏普比率, 代表多承擔一單位風險的超額報酬
Sortino Ratio	1.35	類似於夏普比率, 但只考慮下方風險 (也就是股票下跌時的標準差)
Calmar Ratio	0.50	年化報酬除以最大跌幅, 衡量資產面臨最大風險時的表現
Max. Drawdown [%]	-0.23	最大損失, 代表總資產在策略期間的最大下跌幅度
Avg. Drawdown [%]	-0.04	平均損失, 所有損失交易的平均數
Max. Drawdown Duration	617 days	最大損失的持續期間

NEXT

回測績效		說明
Avg. Drawdown Duration	56 days	平均損失的持續期間
# Trades	64.00	交易次數
Win Rate [%]	50.00	交易勝率, 若以 64 次交易來說代表 32 次是賺錢的
Best Trade [%]	44.83	單一交易的最佳報酬率
Worst Trade [%]	-13.45	單一交易的最差報酬率
Avg. Trade [%]	2.14	每筆交易的平均報酬率
Max. Trade Duration	80 days	單一交易的最長持有期間
Avg. Trade Duration	26 days	每筆交易的平均持有期間
Profit Factor	2.63	總獲利除以總損失
Expectancy [%]	2.52	用勝率來計算每筆交易的期望獲利
SQN	1.97	衡量期望獲利、風險與交易次數的指標, 通常大於 3 就是不錯的策略了

▲ backtesting 能迅速地提供完整的績效表現

	Size	EntryBar	ExitBar	EntryPrice	ExitPrice	PnL	ReturnPct	EntryTime	ExitTime	Duration
0	1	11	13	232.928	220.5	-12.428	-0.053356	2018-10-23	2018-10-25	2 days
1	1	20	27	233.932	230.0	-3.932	-0.016808	2018-11-05	2018-11-14	9 days
2	1	39	46	230.418	220.0	-10.418	-0.045213	2018-11-30	2018-12-11	11 days
3	1	51	98	221.884	231.0	9.116	0.041085	2018-12-18	2019-03-08	80 days
4	1	104	114	240.458	251.0	10.542	0.043841	2019-03-18	2019-04-01	14 days

▲ 使用 stats["_trades"] 可以查看詳細的交易紀錄

　對於不常接觸股票回測的讀者來說, 回測績效表可能略為複雜, 還有各種專有名詞, 霧煞煞看不懂怎麼辦？沒關係！在接下來的小節中, 我們會請 AI 來解析這份回測報告, 同時比較多個策略的好壞。

📊 繪製回測圖表

還記得在上一章,我們花費好大的功夫才繪製出能互動的 K 線圖嗎?現在,只要使用一行程式碼,就能繪製出包括買賣信號的回測圖表了。請執行第 5 個儲存格,來繪製看看吧:

5

```
1  backtest.plot(plot_equity=True,        ← 資金變化圖
2                plot_return=False,        ← 報酬率變化圖
3                plot_pl=True,             ← 損益圖表
4                plot_volume=True,         ← 交易量
5                plot_drawdown=False)      ← 最大損失圖
6                superimpose=True)         ← 顯示月 K 線
```

在這個函式中,若都依照預設值來繪製的話,會出現最基本的**資金變化圖**、**損益圖**、**股價圖**及**成交量**。但我們可以透過修改參數,來自由選擇需要繪製的圖表。

🖥 執行結果:

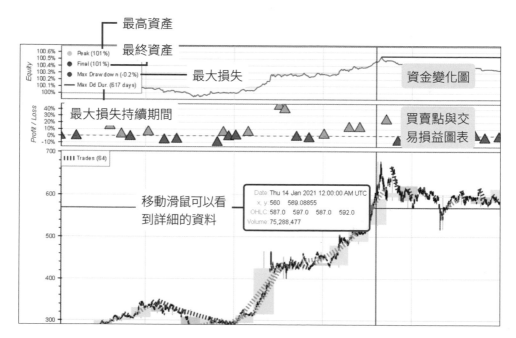

在損益圖表中，可以看到有一大堆的三角形箭頭，這些三角形代表策略信號的發生點，向上三角形代表買進股票、做多；向下三角形則代表賣出股票、做空。另外，顏色代表賺或賠，但要注意國外顏色正好與台股相反，綠色代表該筆交易為正報酬；紅色則代表為負報酬。

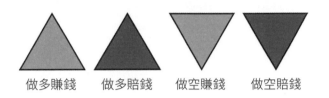

做多賺錢　　做多賠錢　　做空賺錢　　做空賠錢

📊 加入停利、停損策略

停損和停利是投資人常用來管理下方風險與鎖定利潤的交易策略。以**做多交易**來説明，**停損點 (stop loss)** 代表先設置好一個的股票下跌時的價格水位，當股價觸碰到該價格時，就賣出股票，進而避免損失擴大，達到保護本金的效果；**停利點 (take profit)** 則代表先設置好一個的股票上漲時的價格水位，當股價觸碰到該價格時，同樣賣出股票，進而鎖定利潤，避免市場反轉造成的可能風險。另外，若是**做空交易**的話，整個邏輯就相反了。

設置停損和停利點是在投資與程式交易中非常重要的一環！就算有一個策略整體的交易勝率和平均報酬都不錯，但可能會因為某筆交易的虧損特別嚴重，導致投資人血本無歸、前功盡棄。在這種情況，設置一個良好的停損策略是相當重要的。

那停利呢？為什麼要鎖住利潤？讓股票一直上漲不是更好嗎？話是這麼説沒錯，但我們很難知道市場什麼時候會反轉，原先保有的獲利可能會因為一次的市場反轉而被「整碗端走」。

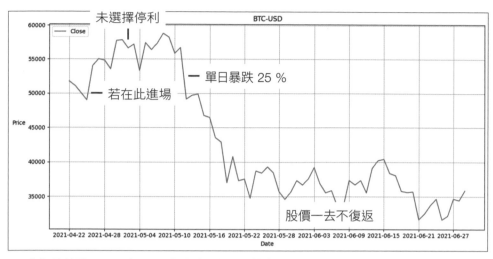

▲ 此為比特幣 2021 年 5 月左右的股價圖，若未設置良好的停利及停損點，投資人會因為市場反轉而遭受巨大損失

讓我們稍微修改策略，加入簡單的停損停利點，請執行第 6 個儲存格：

6

```
1 class CrossStrategy(Strategy):
2   def init(self):
3     super().init()
4
5   def next(self):
6     if crossover(self.data.ma1, self.data.ma2):
7         # 買入時設置停損與停利價格
8       self.buy(size=1,
9               sl=self.data.Close[-1] * 0.90,    ← 停損價格
10              tp=self.data.Close[-1] * 1.10)    ← 停利價格
11     elif crossover(self.data.ma2, self.data.ma1):
12        # 賣出時時設置停損與停利價格
13      self.sell(size=1,
14              sl=self.data.Close[-1] * 1.10,    ← 停損價格
15              tp=self.data.Close[-1] * 0.90)    ← 停利價格
16 # 以下程式碼省略
```

使用 backtesting 加入停利與停損點非常簡單，只要在 buy 與 sell 方法中加入 sl (stop loss) 與 tp (take profit) 參數即可。在這個策略中，我們將價格變動幅度的 10 % 設置為停利停損點。只要當股價觸碰到該價格，即會在隔天開盤自動平倉。

🖥 執行結果：

可以發現，設置停利停損的策略，會將單筆交易的報酬鎖在 10 % 左右。但要特別注意的是，由於是隔天開盤才進場買賣，其損益波動的幅度還是會大於 10 %。這即是「滑價成本」，當達到策略門檻時，卻無法買賣在理想的價格上，在實際交易時，滑價成本會更嚴重。

5.3 讓 AI 產生回測策略

閱讀到這邊的讀者，應該已經可以自己寫出簡單的穿越策略了。但是，如果對技術指標不熟的話，很難知道什麼策略門檻值比較好，改寫成程式碼又要花費一番工夫。那就…乾脆讓 AI 來幫忙吧！在這一節中，我們會沿用第 4 章的程式，並介紹要如何讓 AI 依照模板來生成更為客製化的程式碼。

請先執行第 7 個儲存格來輸入 openai 金鑰：

7

```
1 import getpass
2 api_key = getpass.getpass("請輸入金鑰:")
3 client = OpenAI(api_key=api_key)
```

接下來，我們就可以擴增第 4 章的程式功能，先讓 AI 產生技術指標。然後加入另一個函式 ai_strategy()，讓 AI 直接生成策略程式碼，請執行下一個儲存格：

8

```python
1  # GPT 3.5 模型
2  def get_reply(messages):
3
⋮  (省略部分程式碼)
10
11  # 設定 AI 角色，使其依據使用者需求進行 df 處理
12  def ai_helper(df, user_msg):
13
⋮  (省略部分程式碼)
44
45  # 產生技術指標策略
46  def ai_strategy(df, user_msg, add_msg="無"):
47
48    code_example ='''
49  class AiStrategy(Strategy):
50    def init(self):
51      super().init()
52
53    def next(self):
54      if crossover(self.data.short_ma, self.data.long_ma):
55        self.buy(size=1,
56            sl=self.data.Close[-1] * 0.90,
57            tp=self.data.Close[-1] * 1.10)
58      elif crossover(self.data.long_ma, self.data.short_ma):
59        self.sell(size=1,
60            sl=self.data.Close[-1] * 1.10,
61            tp=self.data.Close[-1] * 0.90)
62      '''
63
64    msg = [{
65      "role":
66      "system",
```

範例程式碼，讀者可自行更改此模板，讓 AI 生成的程式碼更準確

NEXT

```
67       "content":                        ↙ 先設定 AI 的角色
68       "As a Python code generation bot, your task is to generate \
69       code for a stock strategy based on user requirements and df. \
70       Please note that your response should solely \
71       consist of the code itself, \
72       and no additional information should be included."
73   }, {
74       "role":
75       "user",
76       "content":
77       "The user requirement:計算 ma,\n\
78       The additional requirement: 請設置 10% 的停利與停損點 \n\
79       The df.columns =['Open', 'High', 'Low', 'Close', \
80       'Adj Close', 'Volume', 'short_ma', 'long_ma']\n\
81       Please using the crossover() function in next(self)\
82       Your response should strictly contain the Python \
83       code for the 'AiStrategy(Strategy)' class \
84       and exclude any unrelated content."
85   }, {
86       "role":
87       "assistant",
88       "content":f"{code_example}"
89   }, {                        ↖ 將範例程式碼模擬成 AI
90       "role":                    的回覆內容, 這樣 AI 就會依
91       "user",                    照範例程式碼的模板來回復
92       "content":
93       f"The user requirement:{user_msg}\n\
94       The additional requirement:{add_msg}\n\
95       The df.columns ={df.columns}\n\
96       Your task is to develop a Python class named \
97       'AiStrategy(Strategy)'\
98       Please using the crossover() function in next(self)."
99
100  }]
101
102  reply_data = get_reply(msg)
103  return reply_data
```

模擬一次問答

實際的策略需求

除了在第 4 章中介紹過的 get_reply() 和 ai_helper() 函式外，這次我們新增了 ai_strategy() 函式，讓 AI 依照**技術指標**、**額外需求**和 **df 表格**來生成策略的程式碼。以下為程式碼詳解：

- 第 2 行：第 2 章建構過的 get_reply() 函式，創建 GPT 3.5 模型。

- 第 12 行：第 4 章建構過的 ai_helper 函式，讓 AI 計算技術指標或處理 df 表格的模板。

- 第 46 行：藉由輸入參數 df 表格、使用者需求及額外需求，讓 AI 生成指標策略的函式。

- 第 48~62 行：範例程式碼模板，模擬 AI 的一次 assistant 回覆，置於第 52 行。

- 第 65~72 行：設定 system 的角色訊息，讓 AI 扮演生成策略程式碼的機器人。

- 第 74~88 行：模擬一次使用者與 AI 的問答，這樣做可以讓 AI 依據預先設置好的模板進行回覆。在這個範例中，我們先要求 AI 生成 ma 穿越策略的程式碼，然後將 10~25 行所設置好的程式碼模板作為 AI 的回答。

TIP

模擬一次問答的步驟非常重要！若缺少這一步，AI 會隨機生成回覆內容，為了讓後續的程式碼可供運行，我們必須讓 AI 知道該以甚麼形式來進行回覆。同樣地，你也可以將這個技巧使用在其它地方，藉由模擬問答的方式來增加 AI 回覆的穩定性。

- 第 90~98 行：這邊才是使用者的真正需求。

請執行第 9 個儲存格，先讓 AI 計算出技術指標：

9

```
 1 #輸入股票代號
 2 stock_id = "2330.tw"
 3 #抓取 5 年資料
 4 df = yf.download(stock_id, period="5y")
 5 #計算指標          ↙ 要計算的指標          ↙ 使用者的額外需求
 6 user_msg = ["MACD", "請設置 10% 的停損點與 20% 的停利點"]
 7 code_str = ai_helper(df, user_msg[0])
 8 print(code_str)
 9 exec(code_str)
10 new_df = calculate(df)
11 new_df.tail()
```

在以上程式中，我們創建了 user_msg 的串列，其中分別是**要計算的技術指標**與**額外的使用者需求**，然後使用第 4 章介紹過的 ai_helper() 函式，先讓 AI 計算技術指標，再使用 exec() 函式來執行。接下來，就能讓 AI 依據技術指標來生成策略程式碼了，請執行下一個儲存格：

10

```
                              ↙ 指標      ↙ 額外需求
 1 strategy_str = ai_strategy(new_df, user_msg[0], user_msg[1])
 2 print(strategy_str)
 3 print("----------------------")
 4 exec(strategy_str)
 5 backtest = Backtest(df,
 6          AiStrategy,
 7          cash=100000,
 8          commission=0.004,
 9          trade_on_close=True,
10          exclusive_orders=True,
11          )
12 stats = backtest.run()
13 print(stats)
```

🖥 執行結果：

```
class AiStrategy(Strategy):
  def init(self):
    super().init()                                    AI 生成的策略程式碼

  def next(self):
    if crossover(self.data.MACD, self.data.Signal):  ── 快線穿越慢線
        self.buy(size=1,                                  為買入策略
              sl=self.data.Close[-1] * 0.90,
              tp=self.data.Close[-1] * 1.20)
    elif crossover(self.data.Signal, self.data.MACD): ── 慢線穿越快線
        self.sell(size=1,                                 為賣出策略
              sl=self.data.Close[-1] * 1.10,
              tp=self.data.Close[-1] * 0.80)
                            │
              有依據需求來設置停損停利點
```

AI 會自行判斷該指標常用的策略方法，並將其轉換成程式碼。以範例來說，我們輸入 MACD，它會自動判斷常用的 MACD 策略為「快線穿越慢線」，以此作為買入與賣出的訊號點。若輸入 RSI，它則會判斷 RSI 小於 30 為買點；大於 70 為賣點。

為了方便後續使用，我們將第 9 與第 10 個儲存格寫成函式，請執行第 11 個儲存格：

11

```
 1  def ai_backtest(stock_id, period, user_msg, add_msg):
 2
 3    # 下載資料
 4    df = yf.download(stock_id, period=period)
 5
 6    # 獲取和執行指標計算程式碼
 7    code_str = ai_helper(df, user_msg)
 8    local_namespace = {}
 9    exec(code_str, globals(), local_namespace)
10    calculate = local_namespace['calculate']
11    new_df = calculate(df)
```

NEXT

```
12
13     # 獲取和執行策略程式碼
14     strategy_str = ai_strategy(new_df, user_msg, add_msg)
15     print(strategy_str)
16     print("-----------------------")
17     exec(strategy_str, globals(), local_namespace)
18     AiStrategy = local_namespace['AiStrategy']
19
20     backtest = Backtest(df,
21             AiStrategy,
22             cash=100000,
23             commission=0.004,
24             trade_on_close=True,
25             exclusive_orders=True,
26             )
27     stats = backtest.run()
28     print(stats)
29     return str(stats)
```

　　我們將前兩個儲存格的內容整合為 ai_backtest() 函式，這個函式能接收
股票代碼、回測期間、使用者需求及額外需求，最後返回回測結果。另
外，為了讓 AI 所生成的 calculate 與 AiStrategy 程式碼可在函式中運行，我
們需要將其設置為區域變數。所以在這個函式中，我們設置了一個 local_
namespace 字典，用來儲存 exec() 函式所生成的區域變數。

5.4　讓 AI 分析回測報告

　　其實光看 backtesting.py 的回測結果就能大致瞭解策略的好壞了，但為了
讓所有人都能簡單明瞭、輕鬆看懂回測結果，所以在這個小節中，讓我們
加入 AI 來生成績效報告並分析策略的優劣吧！請執行第 12 個儲存格：

↙ 輸入不定數量的回測結果

```
1  def backtest_analysis(*args):
2
3      content_list = [f"策略{i+1}: {report}"
4                      for i, report in enumerate(args)]
5      content = "\n".join(content_list)
6      content += "\n\n請依資料給我一份約 200 字的分析報告。若有多個策略, \
7                      請選出最好的策略及原因, reply in 繁體中文."
8
9      msg = [{
10         "role": "system",
11         "content": "你是一位專業的證券分析師, 我會給你交易策略的回測績效,\
12                     請幫我進行績效分析.不用詳細講解每個欄位, \
13                     重點說明即可, 並回答交易策略的好壞"
14     }, {
15         "role": "user",
16         "content": content
17     }]
18
19     reply_data = get_reply(msg)
20     return reply_data
```

↙ 建立多個回測 結果的串列

backtest_analysis() 函式的主要目的為, 接收一個或多個策略的回測結果, 並讓 AI 產生一份約 200 字的分析報告。閱讀到此的讀者, 應該對這種形式很熟悉了。簡單來說, 我們重新設定 AI 的系統角色, 讓它依據設定來進行回答。

📊 單一策略分析

請執行下一個儲存格來檢視 AI 回覆的內容:

13

```
1  stats = ai_backtest(stock_id="2330.TW",
2                      period="5y",
```

NEXT

5-20

```
 3                          user_msg="MACD",
 4                          add_msg="請設置 10%的停損點與 20%的停利點")
 5 reply = backtest_analysis(stats)
 6 print(reply)
```

🖥 執行結果：

根據給定的交易策略回測績效分析，該策略的總回報率為 0.28%，而買入並持有股票的回報率則為 106.99%。策略的年化回報率為 0.06%，波動性為 0.12%，Sharpe 比率為 0.51，Sortino比率為 0.75…

根據這份報告，我們可以認為該策略的績效並不理想。儘管策略有微薄的回報，但它表現不如買入並持有股票。同時，策略的勝率也偏低，並且在最差交易中承受了相對高的虧損。

在進一步評估其他策略後，如果存在更好的策略，我們應該選擇表現更優秀的策略，以獲取更高的回報率和較低的風險。

▲ AI 能對回測結果進行分析, 減少人工檢視的時間

📊 多個策略分析比較

　　若要同時比較多個策略, 可以將回測結果一起輸入至 backtest_analysis() 函式中, 讓 AI 挑選出較佳的策略, 請執行下一個儲存格：

14

```
 1 #策略 1:MACD+ 停利停損
 2 stats1 = ai_backtest(stock_id="2330.TW", period="5y",
 3                          user_msg="MACD",
 4                          add_msg="請設置 10%的停損點與 20%的停利點")
 5 #策略 2:SMA
 6 stats2 = ai_backtest(stock_id="2330.TW", period="5y",
 7                          user_msg="SMA",
 8                          add_msg="無")
 9 #策略 3:RSI+ 停利停損
10 stats3 = ai_backtest(stock_id="2330.TW", period="5y",
```

NEXT

```
11                         user_msg="RSI",
12                         add_msg="請設置 10% 的停損點與 20% 的停利點 ")
13
14  reply = backtest_analysis(stats1, stats2, stats3)
15  print(reply)
```

💻 執行結果：

根據所提供的交易策略回測結果，我們可以看到三個策略的績效表現。

首先，策略 1 的績效指標比較優秀，年化報酬率為 0.059%，Sharpe Ratio 高達
0.506。策略 1 的獲勝率為 40.23%，最佳交易回報為 27.11%，最差交易回報為 -8.70%。
儘管策略 1 的回報率不高，但其回撤表現相對可接受，最大回撤 -17.29%。策略 1 的交
易次數較少，進行 87 次交易，這對於控制交易成本和手續費是一個優勢。總體而言，策
略 1 的績效穩定並具有潛力。

相比之下，策略 2 和策略 3 表現較差。策略 2 的年化報酬率僅為 0.007%，而策略 3
則出現了較大的虧損，年化報酬率為 -0.182%。這兩個策略的夏普比率和索提諾比率都接
近零，這意味著它們的回報風險比很低並且缺乏市場所需的能力。

因此，在這三個策略中，策略 1 是表現最好的。雖然其回報率相對較低，但高夏普比率
和相對穩定的回撤表現顯示出這是一個具有潛力的策略。當然，我們還需要進行更深入的
分析和測試，以了解該策略在不同市場環境下的表現。

▲ 藉由輸入多個回測結果，能讓 AI 分析與比較策略的優劣

　　在這一章中，我們介紹了股票回測的相關細節與注意事項，接著使用
backtesting 套件來進行技術指標回測，最後加入 AI 來生成策略程式碼並分
析回測結果。為了讓讀者能更好地吸收本章的內容，筆者以簡單的技術指
標策略為例，簡化了回測的程式碼。筆者希望，本章的內容能起到「領入
門」的作用，帶領讀者慢慢熟悉在進行股票回測時要注意的各種情況，並
能逐漸建構出屬於自己的策略。

閱讀完本章的讀者應可發現，範例中的許多策略還不如單純的買進持有策略，單純的技術指標策略是非常難在股市中獲利的，就算原先能賺錢，也會隨著使用者越來越多而「效率市場」化，找到一個賺錢的策略並不是那麼容易的事情。

在實際交易中，通常會建構更為複雜的策略，也會同時涵蓋、觀察更多的面向（包含：基本面、技術面或輿情分析等等）。多面向的分析是非常重要的，因此，在下一章中，我們會將多面向的資料輸入至 AI 中，讓它依據近期的價格、基本面及新聞資料，來生成股票的趨勢報告。

MEMO

_____

_____

_____

_____

_____

_____

_____

_____

_____

_____

06

股票分析機器人：部署 至 LINE 及 Discord 上

在第 2 章中，我們學會建立基本和網路搜尋功能的機器人，但基本的機器人並無法根據特定資料來進行客製化的回答。在本章中，我們會結合第 3 章所學，讓 AI 分析大盤資料、股價資料及新聞資料，然後給出一份完整的個股趨勢分析報告。除此之外，我們會將機器人部署到 LINE 及 Discord 中，讓使用者可以更迅速的取用分析報告，貼近生活。

6.1 建構股票分析機器人

既然在第 2 章中,我們已經建構了一個可以透過**網路搜尋功能**來回答的機器人,為什麼不直接用這個機器人來提供某支股票的分析報告呢?這個方法看似可行,但經測試,GPT 模型常常會給出一些較為陽春或無法深入分析的回答。

kknono668 今天10:19
@_bot 請給我一份2330的趨勢分析報告

_bot 機器人 今天10:19
@kknono668 以下回覆參考網路資訊:

很抱歉,由於上述提供的資訊有限,無法提供一份完整的2330台積電的趨勢分析報告。若您需要更詳細的趨勢分析,建議參考相關專業機構或研究機構發布的報告,或自行進行技術分析和基本面分析。

▲ 單純透過網路搜尋的機器人無法提供詳盡的個股分析

為了讓 AI 能客觀地回答事實、變身成一位專業的股票分析師,勢必要增加能夠分析的資料量及穩定性。所以,我們會搭配第 3 章所介紹的資料蒐集方式,將股票的**價格資料**、**基本面資料**及**相關新聞**輸入至模型中,讓 AI 從各個角度來進行分析。

另外,在本章中,我們會介紹如何將個股分析機器人部署到 LINE 或 Discord 上,讓讀者可隨時、方便地取用分析報告,並能分享給其他人使用。

📊 前置作業

請讀者先開啟下列 Colab 網址,並儲存副本到自己的雲端硬碟中:

```
https://bit.ly/stk_ch06
```

請執行第 1 個儲存格來安裝與匯入相關套件：

`1`

```
1  !pip install openai
2  !pip install yfinance
3  from openai import OpenAI, OpenAIError        # 串接 OpenAI API
4  import yfinance as yf
5  import pandas as pd                           # 資料處理套件
6  import numpy as np
7  import datetime as dt                         # 時間套件
8  import requests
9  from bs4 import BeautifulSoup
```

▲ 大部分套件於前幾章都介紹過了

　　在本章中，我們會使用 yfinance 與爬蟲的方式來取得股市資料，這些套件在第 3 章都介紹過了，在此就不再贅述。接著，與前幾章的步驟相同，讓我們先輸入 openai 的 API KEY：

`2`

```
1  import getpass                                # 保密輸入套件
2  api_key = getpass.getpass("請輸入金鑰: ")
3  client = OpenAI(api_key = api_key)            # 建立 OpenAI 物件
```

請輸入金鑰：• • • • • • • • • • •

▲ 請輸入在第 2 章中取得的金鑰，並
　 Enter 確認

　　在第 3~5 個儲存格中，我們會建立取得股票資料的函式，包括：**近期股價資料**、**基本面資料**以及**新聞資料**，這些資料將會輸入至 GPT 模型中。同時，我們希望當使用者輸入 " 大盤 " 時，也能透過這幾個函式找到其相關資料。但是，由於大盤缺乏基本面資料，且在搜尋新聞資料時常常會找到其他個股的非相關新聞，所以會在函式內進行一些調整。讓我們先執行下一個儲存格來建立取得股價資料的函式：

```
 1  # 從 yfinance 取得一周股價資料
 2  def stock_price(stock_id="大盤", days = 10):
 3    if stock_id == "大盤":  ← 若輸入大盤, 即會將 stock_id 轉換成
 4      stock_id="^TWII"            "^TWII"
 5    else:
 6      stock_id += ".TW"
 7
 8    end = dt.date.today()                     # 資料結束時間
 9    start = end - dt.timedelta(days=days)     # 資料開始時間
10    # 下載資料
11    df = yf.download(stock_id, start=start)
12
13    # 更換列名
14    df.columns = ['開盤價', '最高價', '最低價',
15                  '收盤價', '調整後收盤價', '成交量']
16
17    data = {
18      '日期': df.index.strftime('%Y-%m-%d').tolist(),  ─┐
19      '收盤價': df['收盤價'].tolist(),                    │ 為了讓 GPT
20      '每日報酬': df['收盤價'].pct_change().tolist(),      │ 容易解析資
21      '漲跌價差': df['調整後收盤價'].diff().tolist()        ├ 料, 將其轉換
22      }                                                 │ 成字典格式
23                                                       ─┘
24    return data
25
26 print(stock_price("2330"))
```

程式碼詳解:

● 第 1 行:輸入 stock_id 來取得股價資料的函式。其中, days 為取得最近
幾天的資料 (包含非交易日)。

● 第 3~6 行:設定一個判斷式,若輸入「大盤」,即會將 stock_id 轉換成
"^TWII",讓這個函式能取得大盤指數的資料,並方便我們**整合後續的程
式**。

● 第 11 行:從 yfinance 下載資料。

● 第 17~22 行：過濾出比較重要的資料，並在後續程式中輸入至 GPT 模型。在此，我們選擇使用「日期、收盤價、每日報酬與漲跌價差」，讀者可以自行選擇想分析的資料內容。另外，為了讓 GPT 模型容易解析輸入的資料，**建議先將資料轉換成字典或 JSON 格式。**

🖥 執行結果：

```
{'日期': ['2023-09-12', '2023-09-13', '2023-09-14', '2023-09-15', '2023-09-18',
'2023-09-19', '2023-09-20', '2023-09-21', '2023-09-22'], '收盤價': [544.0,
541.0, 550.0, 558.0, 540.0, 538.0, 535.0, 527.0, 522.0], '每日報酬': [nan,
-0.005514705882352922…
```

▲ 此程式會回傳字典格式的資料

請執行下一個儲存格來建立取得基本面資料的函式：

4

```
1 # 基本面資料
2 def stock_fundamental(stock_id= "大盤"):
3   if stock_id == "大盤":
4     return None
5   stock_id += ".TW"
6   stock = yf.Ticker(stock_id)
7
8   # 營收成長率
9   quarterly_revenue_growth = np.round(
10    stock.quarterly_financials.loc["Total Revenue"].\
11      pct_change(-1).dropna().tolist(), 2)
12
13 # 省略部分程式碼
21  data = {
22    '季日期': dates[:len(quarterly_revenue_growth)],
23    '營收成長率': quarterly_revenue_growth.tolist(),
24    'EPS': quarterly_eps.tolist(),
25    'EPS 季增率': quarterly_eps_growth.tolist()
26  }
27
```

NEXT

```
28    return data
29
30 print(stock_fundamental("2330"))
```

程式碼詳解：

● 第 3~4 行：因為大盤沒有基本面資料，所以設定一個判斷式，若輸入「大盤」，即跳出此程式。

● 第 6 行：建立 yfinance 的 Ticker 物件，以取得指定股票的各種資料。

● 第 9~11 行：使用 quarterly_financials() 來取得季度報表資料，計算出每季的營收變化，移除空值並四捨五入到小數點後兩位。

● 第 21~26 行：建立字典，選擇要輸入至 GPT 模型中的季營收資料。

請執行下一個儲存格來建立取得新聞資料的函式：

5

```
1 # 新聞資料
2 def stock_news(stock_name ="大盤"):
3     if stock_name == "大盤":
4         stock_name="台股 - 盤中速報"
5
6 # 透過 stock_name 關鍵字，從鉅亨網抓取新聞資料
7 # 省略部分程式碼
31    return data
32
33 print(stock_news("台積電"))
```

透過輸入「關鍵字」，這個程式會自動爬取**鉅亨網**的相關新聞。因在第 3 章中有詳細介紹過，這邊就不列出程式碼了。

Tip

需要注意的是，如果搜尋「大盤」，常常會跳出其他股票的盤中速報新聞，導致搜尋結果會混雜到其他股票的資料。所以在第 3~4 行中，將大盤的關鍵字轉換成「台股 - 盤中速報」（經測試，效果較好）。

在搜尋冷門股票時，如果僅將「股票代號」做為關鍵字來搜尋，會出現許多非相關的新聞，也不是我們想取得的資料。所以，接下來我們會建立一個「股票代號」與「股票名稱」對照表的程式，將股票名稱作為搜尋新聞的關鍵字。請執行下一個儲存格：

```
1  # 取得全部股票的股號、股名
2  def stock_name():
3      print("線上讀取股號、股名、及產業別")
4                          可進入此網址來查看
5      response = requests.get(  證券代碼表的格式 ↘
6        'https://isin.twse.com.tw/isin/C_public.jsp?strMode=2')
7      url_data = BeautifulSoup(response.text, 'html.parser')
8      stock_company = url_data.find_all('tr')
9
⋮  (省略部分程式碼)
16
17      df = pd.DataFrame(data, columns=['股號', '股名', '產業別'])
18
19      return df
20
21  name_df = stock_name()
```

此程式會抓取證交所的「上市證券代碼表」，這份資料會每日更新，以避免因為某些公司上、下市而導致的資料過時情況。請執行下一個儲存格來找尋股票代號的對照名稱：

```
1  # 取得股票名稱
2  def get_stock_name(stock_id, name_df):
3      return name_df.set_index('股號').loc[stock_id, '股名']
4
5  print(name_df.head())
6  print("-------------------------")
7  print(get_stock_name("1417",name_df))
```

💻 執行結果：

```
        股號  股名   產業別
0  1101  台泥   水泥工業
1  1102  亞泥   水泥工業
2  1103  嘉泥   水泥工業
3  1104  環泥   水泥工業
4  1108  幸福   水泥工業
------------------
搜尋 1417 結果 ──── 嘉裕
```

▲ name_df 對照表

📊 股票分析機器人

建立完股票資料的搜尋函式後，就可以進入本章的主軸－**打造一個專業的股票分析機器人**。藉由將客製化的資料輸入至 GPT 模型中，可以讓 AI 快速生成一份大盤或股票的分析報告。在第 8 個儲存格中，我們會建立 3 個函式，分別是第 2 章介紹過的 GPT 模型 get_reply() 函式、將股票資訊整合成字串的 generate_content_msg() 函式以及建立訊息串列並生成回覆的 stock_gpt() 函式。請執行下一個儲存格，讓我們一一介紹這 3 個函式：

8

```
1  # 建立 GPT 3.5-16k 模型
2  def get_reply(messages):
3      try:
4          response = client.chat.completions.create(
5              model = "gpt-3.5-turbo-1106",      ← 使用 16k 模型
6              messages = messages
7          )
8          reply = response.choices[0].message.content
9      except OpenAIError as err:
10         reply = f"發生 {err.type} 錯誤\n{err.message}"
11     return reply
```

在第 2 章中，介紹過 get_reply() 函式，這個函式會透過 openai 套件，來串接 GPT 模型的 API。另外，由於新聞資料量常常會超過 gpt-3.5-turbo 模型的 tokens 限制，所以我們將模型替換為 16k，以處理更龐大的文本量。

```
12  #建立訊息指令(Prompt)
13  def generate_content_msg(stock_id, name_df):
14
15      stock_name = get_stock_name(
16          stock_id, name_df) if stock_id != "大盤" else stock_id
17
18      price_data = stock_price(stock_id)
19      news_data = stock_news(stock_name)
20
21      content_msg = f'請依據以下資料來進行分析並給出一份完整的分析報告:\n'
22
23      content_msg += f'近期價格資訊:\n {price_data}\n'   ← 股價資料
24
25      if stock_id != "大盤":
26          stock_value_data = stock_fundamental(stock_id)   基本面資料
27          content_msg += f'每季營收資訊: \n {stock_value_data}\n'  ↙
28
29      content_msg += f'近期新聞資訊: \n {news_data}\n'   ← 新聞資料
30      content_msg += f'請給我 {stock_name}近期的趨勢報告,請以詳細、\
31          嚴謹及專業的角度撰寫此報告,並提及重要的數字, reply in 繁體中文'
32
33      return content_msg
```

這一段程式碼根據使用者所輸入的股票代碼，蒐集股票的股價、基本面及新聞資訊，並彙總成 GPT 模型能接受的字串形式。以下為程式碼詳解：

- 第 15~16 行：搜尋股票代號對照的「股票名稱」，指定給 stock_name 變數。若股票代號為「大盤」，就將其指定給 stock_name 變數。

- 第 21 行：建立 content_msg 字串，此為之後要輸入到 GPT 模型的訊息。

- 第 23 行：代入字典類型的近期股價資料。

- 第 25~27 行：因為大盤沒有基本面資料。所以當 stock_id 不等於「大盤」時，才抓取季營收資料。

- 第 29 行：代入字典類型的近期新聞資料。

```
36  # StockGPT
37  def stock_gpt(stock_id, name_df=name_df):
38      content_msg = generate_content_msg(stock_id, name_df)
39
40      msg = [{
41          "role": "system",
42          "content": "你現在是一位專業的證券分析師，你會統整近期的股價\
43          、基本面、新聞資訊等方面並進行分析，然後生成一份專業的趨勢分析報告"
44      }, {                                          ↖ 設定 AI 角色
45          "role": "user",
46          "content": content_msg   ← 剛建立的訊息字串
47      }]
48
49      reply_data = get_reply(msg)
50
51      return reply_data
```

其實 generate_content_msg() 和 stock_gpt() 可以整合成一個函式，但為了方便閱讀，我們將這兩個函式分開來撰寫。stock_gpt() 會將先前由 generate_content_msg() 所建立的訊息字串，代入到使用者訊息中，最後串接 GPT 模型，藉此生成股票趨勢分析報告。

大盤分析報告

若要檢視大盤的趨勢分析結果，只要將 " 大盤 " 代入到 stock_id 中即可。請執行第 9 個儲存格來檢視大盤趨勢分析報告：

9

```
1 reply = stock_gpt(stock_id="大盤")
2 print(reply)
```

大盤趨勢分析報告

依據近期的價格資訊，台股指數呈現一定的波動，從價格走勢來看，似乎處於一個整理的階段。以下是對近期的趨勢進行分析的重要觀察和數字：

1. 近期價格趨勢：
   - 日期：2023-09-12 至 2023-09-22
   - 收盤價區間：16315.26 點至 16920.92 點
   - 這段期間的股價整體呈現一定的波動，從 16572.71 點下跌至 16315.26 點後又回升至 16920.92 點。

2. 每日報酬率變動：
   - 從數據中可以觀察到每日報酬率有正有負，整體呈現波動的趨勢。
   - 最大漲幅出現在 2023-09-14，達到 1.36%；最大跌幅出現在 2023-09-21，為 -1.32%。

3. 外部因素對大盤走勢的影響：
   - FOMC 9 月會議結束後，美國聯準會的政策信號對全球股市產生了一定的影響，台股也受到影響。
   - 美股的走勢和國際政經環境也對台股產生了一定的壓力。

4. 替代投資機會：
   - 在整體股市波動的時期，投資者可以關注一些抗跌股，例如具有良好基本面或題材面利多的標的。
   - 神基 (3005) 是一個值得關注的標的，近期表現相對大盤強勢，具有基本面利多和題材面利多，且庫存調整部分顯示其經營狀況正向。

綜合以上觀察，目前的大盤走勢仍處於整理的階段，受到外部因素的影響較大。投資者應保持警覺，密切關注國際股市和重要政經動態對台股的影響。同時，也需要注意選擇一些具有抗跌性和良好基本面的個股作為投資標的。

▲ 執行程式後, 約等待 30 秒, AI 會生成大盤的趨勢報告, 且會列出重要的數字資訊

個股分析報告

請執行下一個儲存格，來檢視個股的分析報告（以台積電為例）：

```
1 reply = stock_gpt(stock_id="2330")
2 print(reply)
```

🖥 執行結果：

報告主旨：台積電近期股價走勢受到多重因素影響，包括市場整體情緒、行業發展、公司基本面等。儘管股價有波動，但整體趨勢仍然保持穩定。本報告將對近期台積電的股價走勢、基本面和相關新聞進行分析，提供專業的評估和建議。

1. 近期股價走勢：根據提供的股價資訊，台積電的股價在 2023 年 9 月 12 日到 9 月 22 日之間有波動，收盤價從 544.0 元下跌至 522.0 元。每日報酬率也呈現起伏不定，從 -0.01% 到 0.02% 之間變動。值得注意的是，近期的股價波動率有所增加。

2. 基本面分析：根據提供的每季營收資訊，台積電在 2023 年第二季度的營收成長率為 -5.46%，上一季度為 -18.69%。然而，從年度的角度來看，台積電的營收成長率仍然是正面的，且呈現持續成長的趨勢。此外，EPS（每股盈餘）也呈現穩定增長的勢頭。

3. 新聞資訊分析：根據提供的新聞資訊，歐洲《晶片法案》已經生效，該法案旨在鼓勵歐洲國家提高半導體市場佔有率，並推動關鍵技術產業化。這對於台積電和其他半導體製造商來說是一個重要的利好消息，將有助於增加其市場份額和競爭力。

4. 專業評估和建議：基於近期的股價波動和行業發展，我們認為台積電的基本面仍然健康和穩定。然而，我們建議投資者密切關注市場整體情緒的變化和行業發展的趨勢。同時，考慮到台積電的競爭優勢和戰略地位，長期持有台積電的投資者可能會獲得良好的回報。

總結：儘管台積電的股價在近期有所波動，但基本面仍然健康。歐洲《晶片法案》的生效將是一個利好，有望對台積電和整個半導體行業產生積極影響。投資者應密切關注相關的市場情報和公司發展，以做出明智的投資決策。

　　可能有讀者會有疑慮，如果要搜尋專業的股票分析報告，為什麼不直接看知名財金網站的分析報告就好呢？當然！如果是大股票的話，一定會有人幫你統整好相關的分析數據與報告，但若是一些比較小型的股票，要找到現成的分析報告可能就有難度了。所以，我們可以利用擅長分析與統整資料的 GPT 模型，藉由將資料蒐集的過程自動化，來查閱任何一支上市股票的分析報告。

請執行下一個儲存格，來檢視冷門股票的分析報告（以如興為例）：

11

```
1  reply = stock_gpt(stock_id="4414")
2  print(reply)
```

💻 執行結果：

如興（4414-TW）近期股價走勢分析報告

根據近期的股價資訊，如興（4414-TW）的股價在 9 月份出現了波動，但整體趨勢較為平穩。該股股價從 9 月 12 日至 9 月 22 日的收盤價從 3.97 新台幣下跌至 3.86 新台幣，跌幅約 2.77%。

然而，需要注意的是，在 9 月 18 日，如興公佈了 8 月份的營收資訊，營收達到 14.26 億新台幣，年增 8.74%，1 至 8 月份達到 96.25 億新台幣。這顯示出公司在營運方面仍有不錯的表現，並且持續增長。

另外，根據近期新聞資訊，如興於近期完成了 112 年第一次私募普通股及國內第一次私募無擔保可轉換公司債的募集，募資金額分別為 91,848,000 新台幣和 150,000,000 新台幣。這些資本市場的活動表明公司對未來有信心並準備進一步擴大業務。

在基本面方面，根據最近的每季營收資訊，如興的營收成長率呈現正向的趨勢，過去一年中，公司的營收成長率為 10.81%，但由於季度營收資訊的限制，我們無法確定最新的營收趨勢。

此外，根據近期的 EPS 季增率資訊，如興在過去一年中的 EPS 季增率呈現不穩定的波動。這可能與公司面臨的市場波動和其他因素有關。

綜合以上的資訊，雖然如興在股價上有些波動，但整體表現仍然穩定。公司近期的營收表現良好，並且通過募集資金計劃為未來的發展做好準備。然而，投資者應評估市場風險並謹慎考慮投資決策。

▲ 較冷門的股票也能進行分析

Tip

目前本書程式僅供「上市」股票分析。如對「上櫃」股票分析有興趣的讀者，我們在服務專區設有「上櫃股票分析專區」，可在此找到相關的程式碼範例。未來後續章節若有更新，也會放置在本書的服務專區中。

從起跑點來說，像筆者這種小散戶，沒辦法跟大型的投資機構比拚競爭。相信許多讀者也跟筆者一樣，並非專業的投資團隊，沒有那麼多的時間一一分析每一檔股票的資訊與趨勢。但身處於這個資訊爆炸與 AI 革新的年代，現況或許就會被打破了！現今，我們有各種管道可以蒐集資料，也能透過程式自動化的方式，讓 AI 幫助我們快速地進行分析，輔助我們進行投資決策。

然而，只是會使用這些程式還不夠，更重要的是如何將 AI 整合到我們的日常生活中。所以接下來，我們會介紹如何將這個程式部署到 LINE 和 Discord 中，讓你能隨時隨地查詢最新的股票分析報告。

6.2 部署 LINE 機器人

LINE 作為使用最廣泛的通訊軟體，已是所有人在生活中必不可少的應用程式。在這一節中，我們會將先前的程式帶到 LINE 通訊軟體中，設計一個 LINE 股票分析機器人。透過在 LINE App 上輸入股票代號，就能即時查閱該股的分析報告。

📊 **開發原理**

LINE 機器人的基本架構如下：

| OpenAI API | 後端程式 | Messaging API | 使用者 |

其中有兩個最主要部分：

● **Messaging API**：負責作為中介在 LINE 與我們撰寫的程式之間傳遞訊息。

● **後端程式**：我們會使用 replit 平台建構後端伺服器，負責接收 Messaging API 收到的使用者訊息（股票代號），進行處理後傳到 OpenAI API，最後將分析報告傳回 Messaging API。

讓我們依序完成這兩個部分吧！

設定 Messaging API

要使用 Messaging API，請依循以下步驟在 LINE 開發者網站完成各項設定：

1 登入 LINE 開發者網站：

```
https://developers.line.biz/zh-hant/
```

2 建立 LINE 商用 ID：

1 按此登入

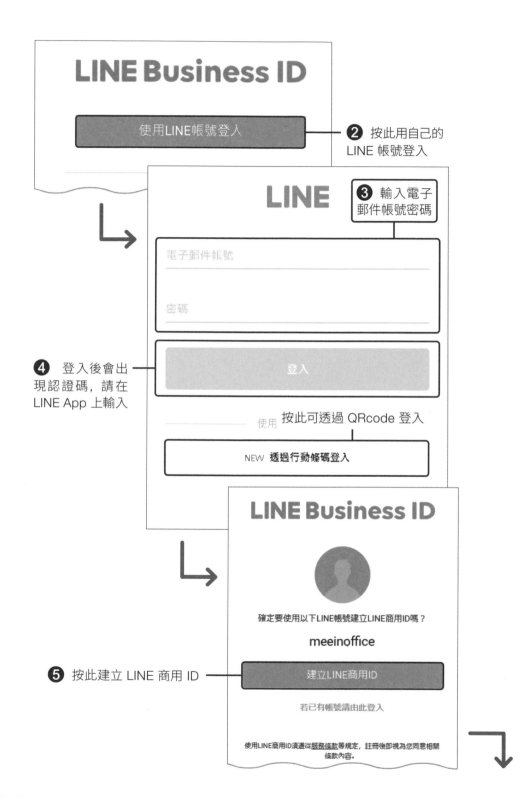

LINE Business ID

使用LINE帳號登入

❷ 按此用自己的 LINE 帳號登入

LINE

❸ 輸入電子郵件帳號密碼

電子郵件帳號

密碼

❹ 登入後會出現認證碼,請在 LINE App 上輸入

登入

使用

按此可透過 QRcode 登入

NEW **透過行動條碼登入**

LINE Business ID

確定要使用以下LINE帳號建立LINE商用ID嗎?

meeinoffice

❺ 按此建立 LINE 商用 ID

建立LINE商用ID

若已有帳號請由此登入

使用LINE商用ID須遵從服務條款等規定,註冊後即視為您同意相關條款內容。

Hi, meeinoffice! Welcome to the LINE Developers Console.

Enter your information and select "Create my account".

You can still change your developer information later.

Developer name ⑦   FlagTech

✓ Don't leave this empty
✓ Enter no more than 200 characters

⑥ 請自由輸入商用 ID 的開發者名稱與 email

Your email ⑦   flagtech@gmail.com

✓ Don't leave this empty
✓ Enter a valid email address
✓ Enter no more than 100 characters

⑦ 勾選同意授權條款

☑ I have read and agreed to the LINE Developers Agreement ☐ .

✓ Select the checkbox after reading the related document

Create my account   **⑧** 按此建立商用 ID 帳號

3 建立 provider (開發單位)：

Welcome to the LINE Developers Console!
Here, you'll find information and tools for connecting your technology to the LINE Platform, helping you build apps that connect people.

Create a new provider   **❶** 按此建立 provider

provider 代表單一開發單位, 你可以視需要為組織內個別的開發人員或是部門、專案
小組建立 provider, 並沒有嚴格的規則。

④ 建立 Messaging API channel：

Messaging API channel 就是你商業 ID 下的一個 LINE 官方帳號, 作為中介
在 LINE 與外部程式之間互相傳送聊天訊息的通道。

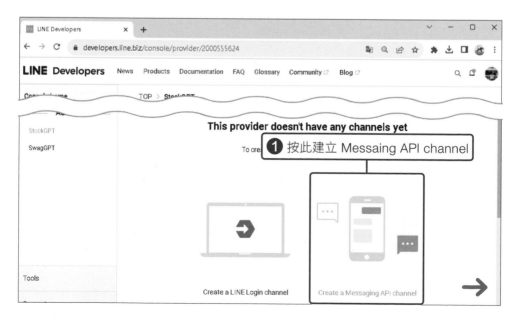

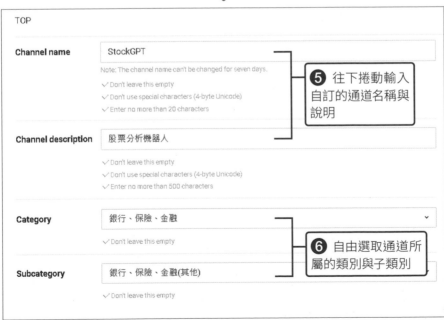

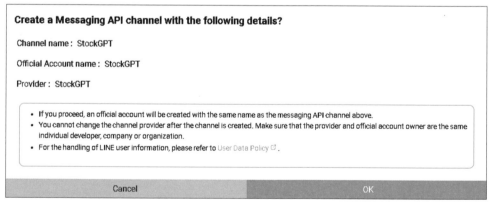

Privacy policy URL
optional

Enter privacy policy URL

✓ Enter a valid HTTPS URL
✓ Enter no more than 500 characters

Terms of use URL
optional

Enter terms of use URL

✓ Enter a valid HTTPS URL
✓ Enter no more than 500 characters

☑ I have read and agree to the LINE Official Account Terms of Use ☐
☑ I have read and agree to the LINE Official Account API Terms of Use ☐

❼ 勾選同意 LINE 官方帳號與 API 授權條款

✓ Select the checkbox after reading the related document

Create   ❽ 按此建立

Create a Messaging API channel with the following details?

Channel name : StockGPT

Official Account name : StockGPT

Provider : StockGPT

- If you proceed, an official account will be created with the same name as the messaging API channel above.
- You cannot change the channel provider after the channel is created. Make sure that the provider and official account owner are the same individual developer, company or organization.
- For the handling of LINE user information, please refer to User Data Policy ☐ .

Cancel   OK

▲ 接下來會連續跳出確認視窗, 請依序點擊確認同意

建立完成後, 就可以在 Providers 中看到剛剛創建的開發者帳號。

後端程式與 LINE API 溝通時並不是直接使用你的帳號和密碼登入，而是需要 Channel 的 **Channel secret（密鑰）**及 **Channel access token（存取令牌）**。密鑰是用來讓通道表明自己的身分，讓後端程式可以確認收到的請求是由通道發送過來，以便篩除非通道的請求，避免程式處理非 LINE 傳來的訊息；存取令牌則是讓我們的程式向 LINE 驗證身分，確認可以回覆訊息至該通道。

1 取得 Channel secret 密鑰：

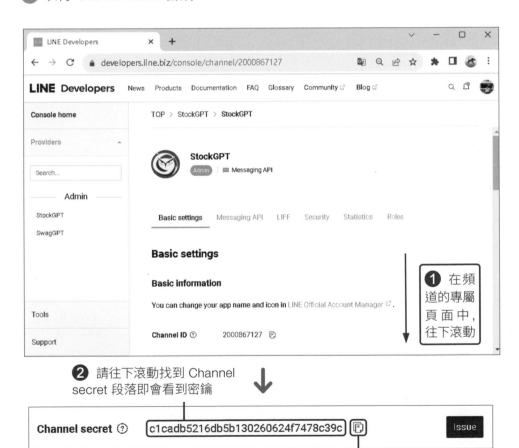

2 請往下滾動找到 Channel secret 段落即會看到密鑰

Channel secret ⑦ ` c1cadb5216db5b130260624f7478c39c ` 📋 Issue

3 按此複製密鑰後貼到記事本或其他地方記錄下來

❷ 取得 Channel access token 存取令牌：

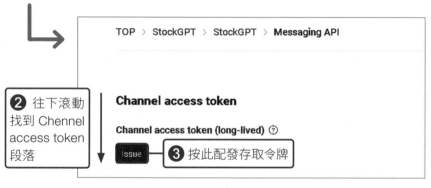

(Tip)
請妥善保存所取得的密鑰與存取令牌，會於撰寫程式時使用。

❸ 停止自動回覆功能：

　　新建立的通道預設會啟用自動回應功能，你可以設定在使用者輸入特定關鍵字時自動回覆預先設定好的訊息。不過我們要建立的是由後端程式回覆訊息的聊天機器人，所以要**關閉此功能**，否則通道就不會將訊息轉送到後端程式。

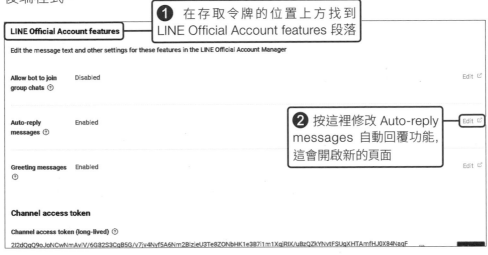

④ 在 LINE 中將聊天機器人加入成為好友：

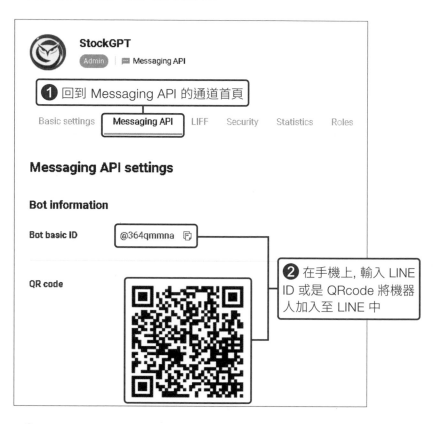

加入好友後，即
可在自己的帳
號中看到剛剛
建立的機器人

◀ 可惡！已讀
不回機器人

到這裡就完成了通道的設定，不過因為還沒有設計後端程式，所以現在建立的機器人是個啞巴機器人，不論我們輸入什麼訊息，它都傻傻的不會回應。

📊 Replit 專案：LINE 股票分析機器人

接著我們要撰寫與 LINE 機器人串接的後端程式，這其實就是一個可處理 HTTP POST 方法的伺服器，不過這個伺服器要能夠讓通道從外部連入，必須要建立公開的連線請求網址。以下透過我們準備好的範例專案，帶大家建立股票分析的 LIEN 機器人：

1 開啟專案網址：

```
https://replit.com/@flagtech/stklinebot
```

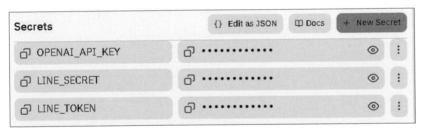

▲ 請依據 4-38 頁的詳細步驟，先將專案 Fork 到自己的帳戶，並輸入金鑰。要注意的是，請記得輸入剛剛取得的 LINE_SECRET(密鑰)和 LINE_TOKEN(令牌)。

2 點擊 ▶ Run 來運行專案程式：

▲ 執行伺服器程式時，Replit 會自動幫你開啟內建的瀏覽器

3 串接後端程式與通道：

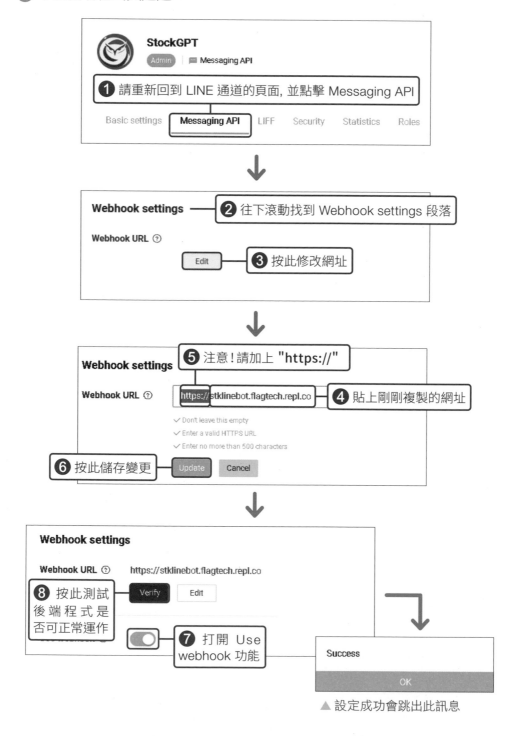

▲ 設定成功會跳出此訊息

Tip

通常設定完 webhook 網址後，會需要一小段時間才會生效，如果你按了 Verify 後出現錯誤，請稍後再試。如果等候很長一段時間測試還是錯誤，請確認環境變數設定正確、webhook 設定的網址有 "https://" 開頭，以及有開啟 Use webhook 功能。

📊 測試 LINE 股票分析機器人

現在到了最後一步，請在你的 LINE 中輸入 4 位數的股票代碼。可以發現這個機器人不再已讀不回了！會回傳給我們即時的股票分析報告。

▲ AI 會回覆給我們詳細的趨勢報告

📊 程式碼詳解：LINE 機器人

在 replit 網頁左邊的 Files 區，可以看到此專案的程式碼，並依據功能放置在 my_commands 底下，各函式都在 Colab 上介紹過了，所以在本節中，我們會著重於講解 main.py 主程式。但要特別注意的是，在執行專案時，會先將「股票名稱對照表」儲存在 replit 的資料庫中 (database.py)，移除 get_stock_name() 函式，藉此省略爬取證交所網站的步驟，並增加運行速度。

各函式的程式碼依功能區分，放置在 my_commands 資料夾下

LINE 機器人主程式

📝 replit 資料庫 (Database)

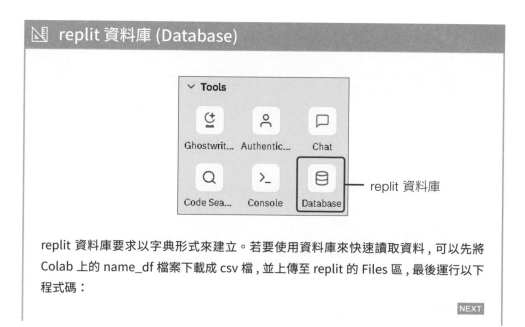

replit 資料庫

replit 資料庫要求以字典形式來建立。若要使用資料庫來快速讀取資料，可以先將 Colab 上的 name_df 檔案下載成 csv 檔，並上傳至 replit 的 Files 區，最後運行以下程式碼：

NEXT

```
database.py

 1: import csv
 2: from replit import db
 3:
 4: # 檢查是否已建構資料庫
 5: if 'initialized' not in db.keys():
 6:   with open('name_df.csv', 'r', encoding='utf-8') as csvfile:
 7:     csvreader = csv.reader(csvfile)
 8:     header = next(csvreader)  # 跳過首行 (表頭)
 9:
10:     for row in csvreader:
11:         index = row[0]
12:         stock_id = row[1]
13:         stock_name = row[2]
14:         industry = row[3]
15:
16:         # 儲存到 Replit 的資料庫中
17:         db[stock_id] = {'stock_name': stock_name,
18:                         'industry': industry}
19:
20:   # 在資料庫中設置 'initialized'，用於標記資料庫是否建立
21:   db['initialized'] = True
```

我們已經預先寫好資料庫程式了，讀者在執行專案時即會自動執行上述程式碼。

我們使用 flask 框架來撰寫伺服器程式，以下為 main.py 的程式碼：

```
main.py

1: from flask import Flask, request, abort
2: from linebot import LINEBotApi, WebhookHandler
3: from linebot.exceptions import InvalidSignatureError
4: from linebot.models import (
5:     MessageEvent,
```

NEXT

```
 6:        TextMessage,
 7:        TextSendMessage)
 8: import os
 9: import my_commands.database # 匯入資料庫程式
10: from my_commands.stock_gpt import stock_gpt, get_reply
11:
12: api = LINEBotApi(os.getenv('LINE_TOKEN'))
13: handler = WebhookHandler(os.getenv('LINE_SECRET'))
14:
15: app = Flask(__name__)
16: # 確認電子簽章
17: @app.post("/")
18: def callback():
19:     # 取得 X-LINE-Signature 表頭電子簽章內容
20:     signature = request.headers['X-Line-Signature']
21:
22:     # 以文字形式取得請求內容
23:     body = request.get_data(as_text=True)
24:     app.logger.info("Request body: " + body)
25:
26:     # 比對電子簽章並處理請求內容
27:     try:
28:         handler.handle(body, signature)
29:     except InvalidSignatureError:
30:         print("電子簽章錯誤，請檢查密鑰是否正確？")
31:         abort(400)
32:
33:     return 'OK'
34: # 文字訊息處理函式
35: @handler.add(MessageEvent, message=TextMessage)
36: def handle_message(event):
37:     user_message = event.message.text
38:
39:     # 檢測是否為 4 位數的股票代碼或「大盤」訊息
40:     if (len(user_message) == 4 and user_message.isdigit()) or user_
message == '大盤':
41:         reply_text = stock_gpt(user_message)
```

NEXT

```
42:        # 一般訊息
43:        else:
44:            msg = [  {"role": "system",
45:                        "content":"reply in 繁體中文"
46:                    }, {"role": "user",
47:                        "content":user_message}]
48:            reply_text = get_reply(msg)
49:
50:        api.reply_message(
51:            event.reply_token,
52:            TextSendMessage(text=reply_text))
53:
54: if __name__ == "__main__":
55:     app.run(host='0.0.0.0', port=5000)
```

程式碼詳解：

● 第 1 行：匯入 Flask 框架的相關模組。

● 第 2 行：從 linebot 模組匯入可使用 Messaging API 的 LINEBotApi 類別，
以及處理傳送訊息連入請求的 WebhookHandler 類別。

● 第 3 行：從 linebot.exceptions 模組匯入 InvalidSignatureError 例外類別，
用來處理電子簽章錯誤的狀況。

● 第 4~8 行：從 linebot.models 模組匯入代表傳入訊息事件的
MessageEvent 類別、代表文字訊息的 TextMessage 類別，以及用來回覆
文字訊息的 TextSendMessage 類別。

● 第 10 行：先前介紹過的 stock_gpt 和 get_reply 函式。

● 第 12~13 行：透過 LINE_TOKEN 和 LINE_SECRET 來建立 LINEBotApi 和
WebhookHandler 物件，以便後續發送和接收訊息能夠正確執行。

● 第 15 行：初始化 Flask 應用程式，這是 flask 運作的核心。app 會根據
設定的路由和對應的函式來處理 HTTP 請求。

● 第 16 行：設定當收到針對 "/" 路徑的 POST 請求時，自動執行下方的 callback 函式，通道會透過這個方式將使用者輸入的訊息轉送過來。

● 第 20 行：LINE 傳送過來的電子簽章。由於這個電子簽章是以建立通道時取得的密鑰為基準，可以篩除不是由你的通道送來的請求。

● 第 23~24 行：以文字形式取得請求內容並透過 app 來記錄，這會在稍後驗證電子簽章時使用。

● 第 27~33 行：以剛剛取得的請求內容及表頭中的電子簽章進行驗證。電子簽章驗證錯誤會拋出例外訊息；驗證正確，則會自動呼叫稍後設定的處理函式。

● 第 35 行：當驗證電子簽章驗證成功時，由下一行定義的 handle_message 函式來處理接收到的文字訊息。

● 第 37 行：從接收到的訊息事件中取出文字訊息。

● 第 40~52 行：驗證訊息是否為「4 位數的股票代碼」或「大盤」，若是，就呼叫 stock_gpt() 函式進行處理；若不是，則呼叫一般的 GPT 模型來處理。接著將回復訊息包裝到 TextSendMessage 物件中傳回通道。

● 第 55 行：啟動 flask 程式，要公開給外部使用的伺服器程式必須指定 IP 為 0.0.0.0。

這樣我們就成功地將擁有 AI 大腦的股票分析機器人帶到 LINE 中了！

另外，Discord 作為目前最夯的國際性社群平台，越來越多的人轉向在 Discord 上建立各種專業社群。那有沒有辦法將 GPT 串接到 Discord 呢？當然可以！讓我們開始吧。

6.3 | 部署 Discord 機器人

Discord 起初雖然是為遊戲玩家設立，但現在已經成為各種專業社群的溝通工具。我們可以在上面創建自己的「伺服器」。每個伺服器可再建立文字或語音頻道，作為不同主題的「交流空間」。此外，Discord 還有一大特色，我們可以創建機器人並整合至平台中，以達到回覆自動化的目的。

📊 開發原理

Discord 機器人的基本架構如下：

OpenAI API   後端程式   Discord 機器人   使用者

可以發現，整體架構與建立 LINE 機器人時類似，只不過我們將所串接的應用程式更換為 Discord。為了建立 Discord 機器人，需要先完成下列前置作業：

1. 註冊 Discord 帳號：如果沒有 Discord 帳號的讀者，可以先進入註冊網址 (https://discord.com/register)，接著**填寫個人資訊**並**完成驗證**後即註冊成功。

2. 建立伺服器：進入 Discord 首頁後 (https://discord.com/channels/@me)，我們可以點擊左側的**加號按鈕**來建立一個自己的伺服器。

點擊新增伺服器後，會
跳出社群屬性的選擇視
窗，接著輸入伺服器名
稱即完成建立

📊 建立 Discord 開發者應用程式

我們要建立 Discord 開發者應用程式，才能夠設定 Discord 機器人。請依
照以下步驟來建立開發者應用程式。

1 輸入以下網址並登入 Discord 帳號：

```
https://discord.com/developers/applications
```

2 建立新的開發者應用：

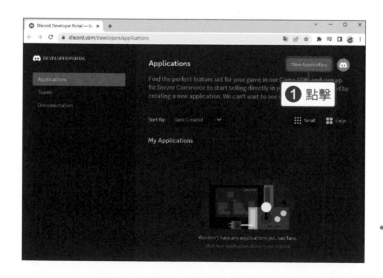

3 開啟機器人 (Bot) 權限：

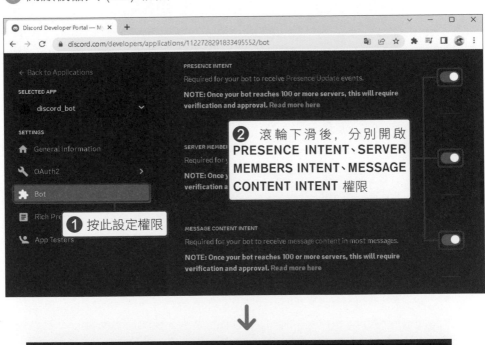

📊 取得 TOKEN (授權令牌)

與在建立 LINE 機器人時相同，我們需要取得 Discord 的 **TOKEN (授權令牌)**，來作為串接 API 時的身分識別碼。取得 Discord TOKEN 的步驟如下：

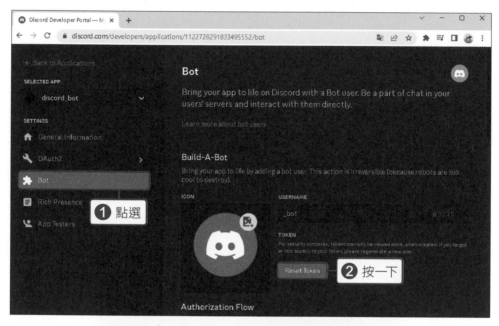

④ 點擊來複製令牌，我們可先將其複製到記事本或以其他方式記錄

Tip

注意！這個令牌只會顯示一次，我們會在串接後端 Replit 程式時用到，所以請妥善保存。如果不慎遺失，則需要**根據以上步驟來進行重新設置**。

📊 將 Discord 機器人加入伺服器

如果你曾經試過將某些官方帳號加入你的伺服器的話，會跳出一個確認權限的視窗，讓你同意這些官方帳號取得某些權限。但現在角色互換，我們如果要建立一個機器人的話，需要建立它的 **OAuth2 URL（授權連結）**，來設定機器人在進入伺服器時可取得的權限。建立 OAuth2 URL 的步驟如下：

1 建立OAuth2 URL：

❺ 為方便起見, 選擇 **Administrator (管理者)** 即可開啟所有權限

❻ 滾輪下滑後, 會看到 Discord 機器人的 URL 連結

❼ 點選複製連結

② 將機器人加入伺服器：

❶ 開啟新分頁後, 連到剛剛複製的網址

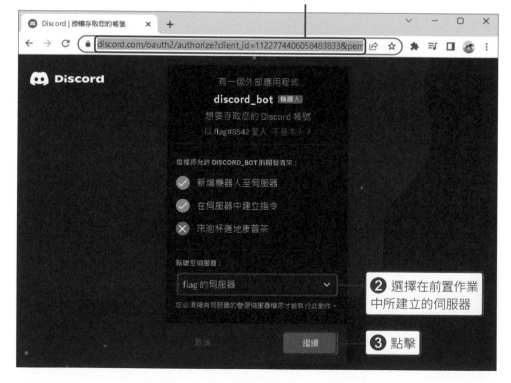

❷ 選擇在前置作業中所建立的伺服器

❸ 點擊

④ 點擊

回到伺服器中, 會發現剛剛
建立的機器人已經加入了

此時我們會發現, 新加入的機器人會呈現離線狀態, 不會回應我們輸入的任何訊息。接下來, 我們會加入先前建構的後端程式, 擴增機器人的功能。

📊 複製 Replit 專案：Discord 股票分析機器人

在建構 LINE 機器人時, 我們只透過**文字指令**來讓機器人判斷並回應。但在 Discord 中, 除了文字指令之外, Discord 機器人可以接收不同類型的**應用**

程式指令 (Interactions API)，例如：**按鈕指令 (buttons)**、**斜線指令 (slash commands)** 和**選單指令 (select menus)**。在這個專案中，我們主要會使用斜線指令來啟用機器人的功能。請讀者依序以下步驟來執行 Discord 股票分析機器人專案：

❶ 開啟專案網址：

```
https://replit.com/@flagtech/stkdiscordbot
```

請讀者先將專案複製到自己的 Replit 帳號中，並設定 OPEN_AI_API 與 TOKEN 環境變數，即可執行此專案。

設置 OPENAI_API_KEY 環境變數

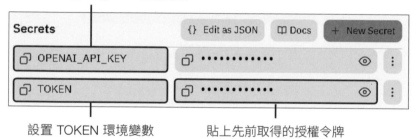

設置 TOKEN 環境變數　　　　貼上先前取得的授權令牌

❷ 點擊 `▶ Run` 運行程式後，回到 Discord 頁面：

▲ 機器人會呈現上線狀態

❸ 輸入斜線指令 "/", 即可呼叫機器人的各種功能：

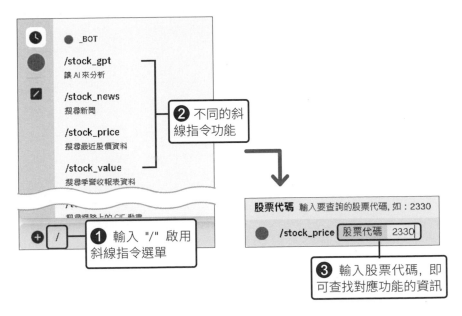

讓我們先來看看這個 Discord 機器人有甚麼功能吧！以下為各個斜線指令功能：

● **/stock_price**：

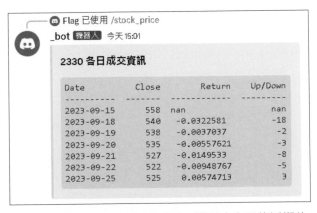

▲ 輸入 /stock_price及股票代碼, 機器人會回傳近期的股價資料

● **/stock_value**:

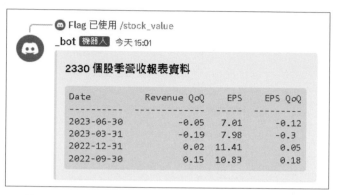

▲ 輸入 /stock_value 及股票代碼, 機器人會回傳近期的營運資料

● **/stock_news**:

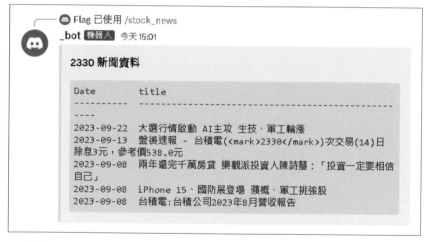

▲ 輸入 /stock_news 及股票代碼, 機器人會回傳近期的新聞資料

● /stock_gpt：

▲ 可以輸入「大盤」或「股票代號」，來取得台股趨勢分析報告

📊 程式碼詳解：Discord 股票分析機器人

　　這個專案的基礎程式碼與 LINE 機器人大致相同。但因為 Discord 不支援像 dataframe 或 markdown 的表格，為了能在 Discord 中更好的呈現表格數據，所以我們在專案資料夾中新增了 dict_tabulate.py 檔案，負責將資料轉換成 tabulate 的文字表格。接下來，我們會著重講解 main.py 程式碼：

```
main.py

1: import discord
2: from discord import app_commands
3: from discord.ext import commands
4: import my_commands.database
5: from my_commands.stock_price import stock_price
6: from my_commands.stock_news import stock_news
7: from my_commands.stock_value import stock_fundamental
```

NEXT

```python
 8: from my_commands.stock_gpt import stock_gpt
 9: from my_commands.dict_tabulate import dict_to_tabulate
10: import os
11:
12: token = os.getenv('TOKEN')
13:
14: intents = discord.Intents.default()  # 取得預設的 intent
15: intents.message_content = True  # 啟用訊息內容
16:
17: # 建立指令機器人
18: client = commands.Bot(command_prefix="!", intents=intents)
19:
20: @client.event
21: async def on_ready():
22:   print(f'{client.user} 已登入')
23:   try:
24:     synced = await client.tree.sync()
25:     print(f"{len(synced)}")
26:   except Exception as e:
27:     print(e)
28:
29: # 個股股價資料
30: @client.tree.command(name="stock_price",
31:                     description="搜尋最近股價資料")
32: @app_commands.rename(stock_id="股票代碼")
33: @app_commands.describe(stock_id="輸入要查詢的股票代碼，如: 2330")
34: async def dc_stock(interaction: discord.Interaction, stock_id: str):
35:   data = stock_price(stock_id)
36:   stock_data = dict_to_tabulate(data)
37:   stock_block = "```\n" + stock_data + "```"
38:   title = f'{stock_id} 各日成交資訊'
39:   # 建立內嵌訊息
40:   embed = discord.Embed(title=title, description=stock_block)
41:   await interaction.response.send_message(embed=embed)
42:
43: # 基本面資料
44: @client.tree.command(name="stock_value",
```

NEXT

```
45:                           description="搜尋季營收報表資料")
46: @app_commands.rename(stock_id="股票代碼")
47: @app_commands.describe(stock_id="輸入要查詢的股票代碼，如: 2330")
48: async def dc_value(interaction: discord.Interaction, stock_id: str):
49:     data = stock_fundamental(stock_id)
50:     stock_data = dict_to_tabulate(data)
51:     stock_block = "```\n" + stock_data + "```"
52:     title = f'{stock_id} 個股季營收報表資料'
53:     # 建立內嵌訊息
54:     embed = discord.Embed(title=title, description=stock_block)
55:     await interaction.response.send_message(embed=embed)
56:
57: # 新聞資料
58: @client.tree.command(name="stock_news",
59:                           description="搜尋新聞")
60: @app_commands.rename(stock_id="股票代碼")
61: @app_commands.describe(stock_id="輸入要查詢的股票代碼，如: 2330")
62: async def dc_news(interaction: discord.Interaction, stock_id: str):
63:     data = stock_news(stock_id, add_content=False)
64:     stock_data = dict_to_tabulate(data)
65:     stock_block = "```\n" + stock_data + "```"
66:     title = f'{stock_id} 新聞資料'
67:     # 建立內嵌訊息
68:     embed = discord.Embed(title=title, description=stock_block)
69:     await interaction.response.send_message(embed=embed)
70:
71: # StockGPT
72: @client.tree.command(name="stock_gpt", description="讓 AI 來分析")
73: @app_commands.rename(stock_id="股票代碼")
74: @app_commands.describe(stock_id="輸入要查詢的股票代碼，如: 2330")
75: async def dc_ai(interaction: discord.Interaction, stock_id: str):
76:     # 因為後端程式的執行時間較長，使用 defer 方法來延遲回應
77:     await interaction.response.defer()
78:
79:     gpt_reply = stock_gpt(stock_id)
80:     await interaction.followup.send(gpt_reply)
81:
82: client.run(token)
```

在以上程式碼中，我們設定了 4 個 @client.tree.command 的裝飾器函式，來定義不同的斜線指令事件。當使用者在 Discord 上輸入不同的斜線指令時，對應的函式就會被呼叫，抓取不同的資料並回傳至 Discord 中。以下為程式碼詳解：

- 第 1~3 行：Discord 的官方套件，允許開發者能與 Discord 介面進行互動。另外，如果要讓使用者能夠輸入不同類型的應用程式指令，就需要額外匯入 discord.ext 的擴展指令套件。

- 第 14 行：在 Discord 中，接收到訊息、指令或成員更新等稱之為「事件」，設定 Intents 可以事先決定機器人該對哪些「事件」進行回應。

- 第 20 行：使用裝飾器 (decorator) 來設定「當某事件發生時，執行下一行的函式來做出回應」。

- 第 21~27 行：登入機器人，並同步所設定的斜線指令。

- 第 30~41 行：使用 client.tree.command() 函式來啟用抓取股價資料的斜線指令。當使用者在 Discord 中輸入「/stock_price」時，該事件就會被觸發，並呼叫我們之前定義的 stock_price() 函式。

- 第 32 行：設定 stock_id（股票代碼）變數。當使用者在呼叫斜線指令後，會跳出股票代碼的輸入格。

- 第 33 行：指令的補充敘述，讓使用者更好理解。

- 第 36~37 行：將資料轉換成 tabulate 表格形式，並以 markdown 語法的方式呈現。

- 第 41 行：讓機器人發送訊息，並用訊息框 (Embed) 的方式回傳。

- 第 44~55 行：定義抓取營收資料的斜線指令。當該事件觸發時，呼叫 stock_ fundamental() 函式。

● 第 58~69 行：定義抓取新聞資料的斜線指令。當該事件觸發時，呼叫 stock_ news() 函式。

● 第 72~82 行：定義 stock_gpt 的斜線指令。當該事件觸發時，呼叫 stock_ gpt() 函式，讓 AI 來分析資料。

● 第 77~80 行：串接 GPT 會使得後端程式執行的時間較長，而 Discord 的 伺服器若在 3 秒鐘內沒有接收回應，就會中斷程式，導致輸出錯誤訊 息。所以我們在程式碼中加上 await interaction.response.defer()，來告訴 Discord 需要更多時間來進行處理，並在處裡完成後使用 await interaction. followup.send() 的接續函式進行回覆。

● 第 82 行：使用第 12 行所獲取的令牌來運行機器人。

　　透過設置斜線指令的方式，可以讓使用者快速查閱某支股票的各項資訊， 也可以方便我們新增或修改機器人的各項功能。

　　礙於 GPT 模型的訓練資料只到 2022 年，所以它無法回答未經訓練或是 關於近兩年時事的問題。在本章中，我們了解到輸入「客製化」的資料的 重要性，也明白 AI 的優點在於資料統整和分析，所以我們要「取其精華， 去其糟粕」，擴展模型能夠接觸的資料面向，客觀地分析股票趨勢。在下 一章中，我們會介紹「LangChain」這個強大的工具。這個工具可以串接 「年報」資料，並將複雜的程式流程依步驟細分，輔助我們進行更長期的 投資決策。

MEMO

07

年報問答機器人

相較於上一章的個股分析機器人,年報資訊能夠提供更長期的資訊,也是長期投資人須關注的重要報告之一。但是,一份年報動輒 200~300 頁,哪有那麼多時間去查閱每間公司的年報資料。這時,GPT 模型出場的時機又到了,我們可以發揮 AI 擅長文本分析的能力,建構年報問答機器人。藉由問答的方式,可以對感興趣的議題進行提問、輕鬆了解年報內容,或是讓模型統整、分析落落長的年報資訊。

7.1 什麼是年報？

　　年報是每間公司每年公告的一份正式文件，用於向其股東、投資人或是監管機構報告過去一年的**經營狀況**和**財務表現**。作為一個重要的資訊來源，能讓投資人認識公司的基本業務或是發展歷程，甚至可以作為評估公司財務狀況和未來規劃的依據。

TiP

本章所指的年報為股東會年度報告書，並非資產負債表、損益表等年度的財務報表。

　　股東會年報的公布時間會因公司而異，但通常會在每年的 5 月份左右發佈。年報會涵蓋以下重要資訊：

● **致股東報告書：**由經營團隊在年報開頭寫的一封信，簡單介紹過去一年的業績和未來展望。

● **公司簡介：**包括設立日期、公司沿革，讓股東可以簡單的了解公司發展至今的重要項目。

● **公司治理報告：**包括公司組織結構、各部門職責及經營團隊成員。投資人可以透過這個部分來查詢經營團隊過往的經歷與經營績效。

● **募資情形：**包含股本、股東結構、普通股及特別股的分散情況、主要股東名單或是股利政策等等。其中，透過股利政策，投資人可以快速地查看公司是否賺錢，也能用來推估除、填息的影響。

● **營運概況：**包括關於公司主要的業務計畫，如產品、服務、市場份額或是競爭情況等。投資人可藉此了解整體市場狀況、產業鏈的競爭、公司的研發項目或未來規劃。

● **財務概況：**包括近年來的損益表、資產負債表和現金流量表等，用於顯示公司的財務表現，如總收入、淨利潤、資產和負債情況。

● **風險事項**：這部分通常包括公司面臨的風險，如市場風險、法律風險、財務風險等，以及應對這些風險的策略。

其中，營運概況有助於評估公司的競爭環境與長期價值；財務概況則提供了公司的財務狀況，可以評估其營收狀況、現金流與償債能力；風險事項能更好地了解公司面臨的潛在風險。

年報提供了公司的各種資訊，對於不熟公司的投資人來說，是一個能簡單認識公司的管道；對於征戰沙場數年的投資人來說，也能夠更深入地判斷公司的未來發展，輔助我們進行投資決策。雖然年報提供了這麼多有用的資訊，但實際讀起來枯燥乏味，認真看完一間公司的年報也會花費數個小時。所以，在接下來的小節中，我們會介紹如何使用程式自動抓取年報資料，並建構問答機器人來針對感興趣的議題詢問。

7.2 如何取得年報？

年報作為投資人評估公司狀況的重要資訊，那麼該如何取得年報資料呢？簡單的做法是到**公開資訊觀測站**或是**財報狗**等網站，裡面會有年報連結提供使用者下載。讀者可以依據以下步驟來取得年報資訊：

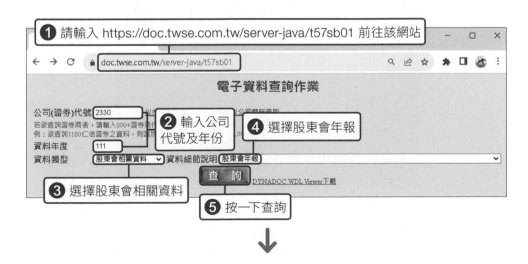

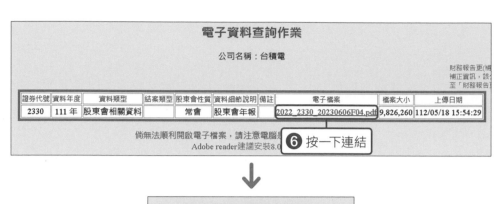

電子資料查詢作業

公司名稱：台積電

財務報告更(補
補正資訊，該
至「財務報告

證券代號	資料年度	資料類型	結案類型	股東會性質	資料細節說明	備註	電子檔案	檔案大小	上傳日期
2330	111 年	股東會相關資料		常會	股東會年報		2022_2330_20230606F04.pdf	9,826,260	112/05/18 15:54:29

倘無法順利開啟電子檔案，請注意電腦是
Adobe reader建議安裝8.0

⑥ 按一下連結

電子資料查詢作業

電子檔案：2022_2330_20230606F04.pdf

⑦ 按一下連結

請點選連結直接開啟或按右鍵另存新檔

▲ 這樣就能取得年報檔案了

依照以上步驟最後點擊下載就可以取得年報檔案了。但是，如果要同時取得多間公司的年報，這種手動下載的作法太浪費時間了！所以接下來，我們可以使用第 3 章介紹過的 requests 套件來自動取得年報檔案。

請讀者先開啟本章的 Colab 網址並複製副本到自己的雲端硬碟：

```
https://bit.ly/stk_ch07
```

我們將使用 requests 套件方法中的 POST 來取得網站回應內容，至於原因會在後續做說明，請先執行第 1 個儲存格來匯入相關套件：

1

```
1 import requests
2 from bs4 import BeautifulSoup
```

匯入好套件後，為了方便代入股票代碼和年份去取得年報，下一步將建立一個函式，請執行下一個儲存格：

2

```
1 def annual_report(id,y):
2     url = 'https://doc.twse.com.tw/server-java/t57sb01'
3     # 建立 POST 請求的表單                    ↖ 為先前下載
4     data = {                                     年報的網址
5         "id":"",
6         "key":"",
7         "step":"1",
8         "co_id":id,
9         "year":y,
10        "seamon":"",
11        "mtype":'F',
12        "dtype":'F04'
13    }
14    try:
15        # 發送 POST 請求
```

NEXT

```
16          response = requests.post(url, data=data)
17          # 取得回應後擷取檔案名稱
18          link=BeautifulSoup(response.text, 'html.parser')
19          link1=link.find('a').text
20          print(link1)
21      except Exception as e:
22          print(f"發生{e}錯誤")
23      # 建立第二個 POST 請求的表單
24      data2 = {
25          'step':'9',
26          'kind':'F',
27          'co_id':id,
28          'filename':link1 # 檔案名稱
29      }
30      try:
31          # 發送 POST 請求
32          response = requests.post(url, data=data2)
33          link=BeautifulSoup(response.text, 'html.parser')
34          link1=link.find('a')
35          # 取得 PDF 連結
36          link2 = link1.get('href')
37          print(link2)
38      except Exception as e:
39          print(f"發生{e}錯誤")
40      # 發送 GET 請求
41      try:
42          response = requests.get('https://doc.twse.com.tw' + link2)
43          # 取得 PDF 資料
44          with open(y + '_' + id + '.pdf', 'wb') as file:
45              file.write(response.content)
46          print('OK')
47      except Exception as e:
48          print(f"發生{e}錯誤")
```

程式碼詳解：

● 第 1 行：參數 id 和 y 分別會傳入股票代碼和年份。

● 第 4~13 行：怎麼判斷是要用 GET 還是 POST 有一個方式可以觀察，如下圖：

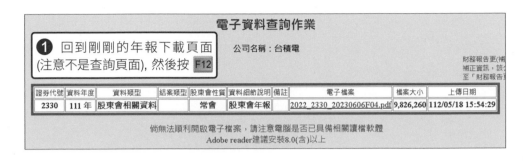

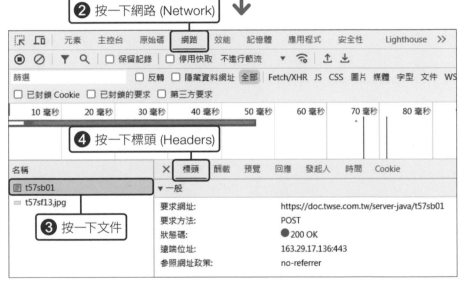

▲ 若找不到步驟 ❸ 的文件，請按 Ctrl + R 重新整理

可以看到要求方法寫著 POST，代表該網頁是以 POST 的方式進入，所以我們也必須以 POST 方式去取得回應內容。由於 POST 方法必須將參數用 HTML 表單的方式送回給網頁，所以必須先找出隱藏的參數，下圖為找到隱藏參數的方式：

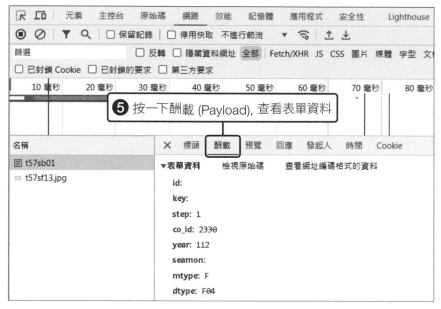

▲ 此表單資料就是我們需要的隱藏參數, data 變數就依照此字典格式建立即
可。其中的 "co_id" 和 "year" 會用函式的參數 id 和 y 代入

● 第 16 行：用 requests.post() 方法發送請求, 代入網址和表單資料取得
Response 物件。

● 第 18~20 行：使用第 3 章介紹的 BeautifulSoup4 套件取得元素內容, 這
邊擷取檔案名稱, 並指派給變數 link1。

● 第 24~29 行：在手動下載資料時, 要連續點選兩次連結才能夠取得年
報資料, 等同於發送兩次 POST 請求, 所以我們也要建立第 2 個 POST
表單：

電子資料查詢作業

電子檔案：2022_2330_20230606F04.pdf

請點選連結直接開啟或按右鍵另存新檔

❶ 進入第 2 個連結網站

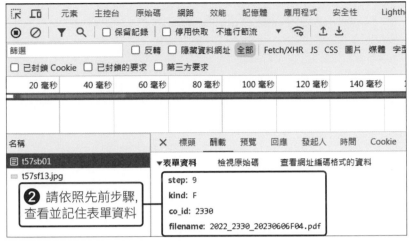

▲ 同樣地, 將表單資料以字典格式寫入到 data2 之中, 其中的檔案名稱
filename, 可直接用剛剛取得的 link1 變數代入

● 第 32~37 行：再度發送 POST 請求來取得 Response 物件，並使用
BeautifulSoup4 套件擷取需要的元素，最後使用 get 方法從屬性 'href' 中
取得 PDF 檔案連結。

● 第 42~46 行：使用 GET 方法對 PDF 檔案連結請求回應，接著建立一個
新的 PDF 檔案，將回應內容用寫入的方式儲存。

這樣就完成取得年報檔案的程式了！我們可以呼叫這個函式來取得**任意
公司**及**年份**的年報資料。現在來測試看看，取得台積電 112 年的年報，請
執行下一個儲存格：

3

```
1 annual_report('2330','112')
```

🖥 執行結果：

```
2022_2330_20230606F04.pdf
/pdf/2022_2330_20230606F04_20230918_160644.pdf
OK
```

▲ 根據結果可以看到檔案名稱和連結

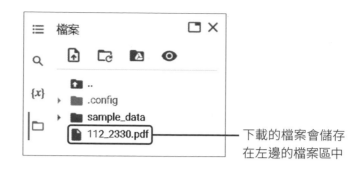

下載的檔案會儲存
在左邊的檔案區中

以後只要輸入股票代號和年份就可以取得年報啦！透過程式自動化的方
式，就能省去手動下載的時間。但如先前所述，查閱年報內容也是很花費
時間，如果沒時間去細讀內容時該怎麼辦呢？這時候就可以透過 LangChain
來建立一個問答機器人，對想了解的部分進行詢問。一方面，這個機器人
可以回答我們的問題；另一方面，它也會提供相關的資料來源，方便我們
了解更多細節。在下一節中，將會介紹如何建立一個年報問答機器人。

<h1>7.3 對年報作問答</h1>

LangChain 是以**大型語言模型 (LLM)** 為核心的開發框架。藉由
LangChain，我們可以對 LLM 串接各式各樣的功能，如 Google 搜尋、維基百
科等，進而建立各種功能的應用程式。在這個小節中，我們會用 LangChain
來串接向量資料庫，以達到問答和文件摘要的功能。

Tip

LangChain 的開發者為 Harrison Chase，目前有 python 和 node.js 的版本。在 OpenAI 剛公
布 GPT4 串接外掛功能時，LangChain 作為免費開發框架以語言模型為核心，將向量資
料庫、提示模板及各種外部工具整合在一起，能簡化開發流程，並受到開發人員的熱
烈關注。

首先，請執行第 4 個儲存格安裝相關套件：

4

▶ `!pip install langchain openai tiktoken pdfplumber faiss-cpu`

計算檔案內容的 token 數量 ↗   ↑   ↖ 由 Facebook 開發,
                        負責匯入 PDF 檔案   負責建構向量資料庫

5

▶
```
 1 import os
 2 import getpass
 3 from langchain.document_loaders import PDFPlumberLoader
 4 from langchain.text_splitter import RecursiveCharacterTextSplitter
 5 from langchain.embeddings import OpenAIEmbeddings
 6 from langchain.vectorstores import FAISS
 7 from langchain.chat_models import ChatOpenAI
```
↙ 匯入檔案
↙ 分割檔案
← 嵌入檔案
← 向量資料庫
← 聊天模型

📄 向量資料庫

我們可以思考看看, 每份年報資料都有數萬或數十萬字, 就算使用目前最大的 16 K 模型, 也沒有辦法一口氣將所有資料丟入到 GPT 模型中。那有甚麼方法可以解決這個問題呢?

我們可以使用**嵌入 (Embedding)** 的方式先將文字轉成數值構成的**向量**, 並儲存進**向量資料庫**之中。之後想要查詢重點資料時, 同樣會將查詢的文字轉成向量, 再與資料庫中的向量比較相關度, 即可取得相關度較高的幾筆資料(如下圖), 之後再將這些資料丟入 GPT 模型, 就可以解決資料量太大的問題。

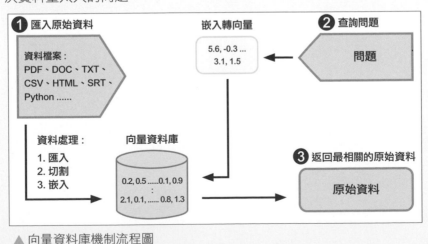

▲ 向量資料庫機制流程圖

問答機器人會以向量資料庫的機制為基礎。當我們輸入問題時，向量資料庫會將最相關的原始資料回傳，然後 GPT 模型會將原始資料作為回答的依據，彙總後生成答案。了解整個流程後，我們就可以開始建立問答機器人啦！首先，請執行下一個儲存格輸入自己的 openai 金鑰，並建立聊天模型：

6

```
1 os.environ['OPENAI_API_KEY'] = getpass.getpass('OpenAI API Key:')
2 llm_16k = ChatOpenAI(temperature=0, model="gpt-3.5-turbo-16K")
```

● 第 1 行：用 os 套件中的 environ 設定環境變數，方便 LangChain 讀取。

● 第 2 行：ChatOpenAI 類別為 LangChain 包裝過後的 GPT 模型。其中的 model 使用 OpenAI 的 gpt-3.5-turbo-16k 模型。在 LangChain 的框架下，使用此類別開發會更加方便。

接下來，我們將對年報檔案進行處理，透過**匯入資料**、**分割資料**和**嵌入資料**將年報資料轉換成向量。其中，分割資料會依指定的**字元數量**將資料進行分段，每一段為一個 Document。這樣可以更好的對資料進行處理，也能避免超過模型的 tokens 上限。為了方便重複執行程式，請執行下一個儲存格來建立函式：

7

```
1 def pdf_loader(file,size,overlap):
2     loader = PDFPlumberLoader(file)        ← 匯入 PDF 文件
3     doc = loader.load()
4     text_splitter = RecursiveCharacterTextSplitter(  ← 分割文件
5                         chunk_size=size,
6                         chunk_overlap=overlap)
7     new_doc = text_splitter.split_documents(doc)
8     db = FAISS.from_documents(new_doc, OpenAIEmbeddings()) ← 儲存文件
9     return db
```

程式碼詳解：

● 第 1 行：參數 file、size 和 overlap 分別為**傳入檔案位置**、**要分割的字元數**以及要**重複的字元數**。

Ｔｉｐ

將文件分割成 Document 時，會依據 size 來進行分割，而 overlap 指的是每段中的重複內容。舉例來說，若一份 1 萬字的文件，設定 size 為 1,000、overlap 為 100。會將整份文件分割成 11 個 Document，每個 Document 都有 1000 個字元，其中 100 個字元為重複內容。這樣做可以讓模型更了解上下文。

● 第 2~3 行：載入檔案並建立一個 PDFPlumberLoader 物件，並使用 load() 方法取得檔案內容。

● 第 4~6 行：建立 RecursiveCharacterTextSplitter 物件，其中的參數 chunk_size 和 chunk_overlap 會代入 size 和 overlap。最後分割完會是多個 Document 所組成的串列。

● 第 7~9 行：最後一個步驟會將嵌入資料和儲存資料同時進行，使用向量資料庫 FAISS 中的 from_documents() 方法，代入 Document 串列和嵌入物件 (OpenAIEmbeddings)，先透過嵌入物件將 Document 內容轉成向量，再儲存進向量資料庫，最後建立並返回資料庫物件。

Ｔｉｐ

OpenAIEmbeddings 跟 ChatOpenAI 一樣是經過包裝的類別，預設使用 OpenAI 的嵌入模型 'text-embedding-ada-002'。定價為 1 千個 tokens 花費 0.0001 美元。

建立好函式後，我們就可以呼叫它來建立向量資料庫，請執行下一個儲存格：

8

```
1 db = pdf_loader('/content/112_2330.pdf', 500, 50)
```

▲ 分割和重複的字元數會影響執行時間，可以依照檔案大小來決定。經測試，切割一份約 300 頁的年報約會花費 3 分鐘

接下來，只要輸入「問題」，向量資料庫就會返回相關度最高的幾個 Document，請執行下一個儲存格來查詢：

```
1 query = "公司是否有明確的成長或創新策略?"
2 docs = db.similarity_search(query, k=3)
3 for i in docs:
4     print(i.page_content)
5     print('_____')
```

similarity_search() 方法會依據問題來查詢資料庫中相關度最高的 Document。其中，參數 k 代表要傳回的 Document 數量，設定為 3 即會傳回 3 筆 Document。最後，我們使用 for 迴圈來印出 3 筆最相關的 Document 內容。

🖥 執行結果：

5.4.1 客戶
提升同仁問題解決與創新的能力，以維持台積公司競爭
優勢並達到客戶滿意的雙贏目標。除了公司內部跨組織 台積公司的客戶遍布全球，產品種類眾多，在半導 最近二年度佔全年度合併營業收入淨額 **10%** 以上之客戶資料
的學習交流外，台積公司亦透過「台灣持續改善活動競 體產業的各個領域中表現傑出。客戶包括有無晶
單位：新台幣仟元
賽」，跨產業分享改善手法，期望能以台積公司的經驗分 圓廠設計公司、系統公司和整合元件製造商，例 民國 111 年 民國 110 年
名稱
......
持其未來發展優勢。
我們將持續致力於優化製造營運 (包括「數位化」我們的晶圓廠) 來提高效率和生產力，藉以支援民國一百一十二年與此後的 N3 高度量產。
我們正在增加台灣以外的產能以擴大我們的未來成長潛力、接觸全球人才，並進一步提升客戶信任…

_____

▲ 向量資料庫會傳回相關度最高的 Document。有些段落會出現不相關的文字，是因為原始年報的排版所導致。

到這邊，我們已經學會了如何建立向量資料庫，也學會如何使用查詢功能，來返回與問題最相關的 Document。檢視以上資料可以發現，Document 僅僅只是與「問題」相關度最高的段落，並未經過統整，也不易閱讀。所以接下來，我們會使用 LangChain 中的 RetrievalQA 類別來串接語言模型，統整原始資料、從中找出問題的答案。請先執行下一個儲存格匯入相關套件：

10

```
1 from langchain.prompts import ChatPromptTemplate    ← 提示語處理
2 from langchain.chains import RetrievalQA            ← 問答處理
```

LangChain 提供預設提示語模板套件 ChatPromptTemplate。方便使用者建立提示模板，相當於前幾章所建構的 AI 角色設定與使用者訊息。在這邊，我們會使用「問題」與「原始資料」來建立訊息模板，模型就能透過原始資料來回答我們的問題了！請執行下一個儲存格：

11

```
1  # 提示模板
2  prompt = ChatPromptTemplate.from_messages([
3      ("system",
4       "你是一個根據年報資料與上下文作回答的助手,"
5       "如果有明確數據或技術(產品)名稱可以用數據或名稱回答,"
6       "回答以繁體中文和台灣用語為主。"
7       "{context}"),    ← 原始的 Document
8      ("human","{question}")])
9
10 # 建立問答函式                      ↙ 問題
11 def question_and_answer(question):
12     qa = RetrievalQA.from_llm(llm=llm_16k,    ← 第 6 個儲存格建立的模型
13                               prompt=prompt,   ← 提示模板
14                               return_source_documents=True,
15                               retriever=db.as_retriever(    ↖ 資料
16                                   search_kwargs={'k':10}))     檢索器
17     result = qa(question)
18     return result
```

程式碼詳解：

- 第 2~8 行：使用 ChatPromptTemplate 中的 from_messages() 方法建立提示模板的訊息串列，並設定 system 和 human 角色。其中的 'context' 為資料庫回傳的資料；'question' 則為問題。

- 第 11 行：建立問答函式，參數 question 會代入到提示模板中。

- 第 12~16 行：使用 RetrievalQA 類別中的 from_llm() 方法串接**語言模型**、**提示模板**和**資料檢索器**。資料檢索器 as_retriever() 就是將先前介紹過的「相關度查詢」方法包裝起來，方便使用者對原始資料進行查詢。在此設定 k = 10，代表會傳回 10 筆 Document，並代入到提示模板的 "context" 中。

讓我們來對年報資料進行詢問吧！這裡使用迴圈方便連續詢問，請執行下一個儲存格：

12

```
1  while True:
2      question = input("輸入問題:")
3      if not question.strip():
4          break
5      result=question_and_answer(question)
6      print(result['result'])
7      print('_____')
8      #print(result["source_documents"])
```

- 第 3 行：用 if 判斷是否為空白字串，若是就直接退出迴圈。當使用者不想詢問時，輸入 enter 即可離開程式。

- 第 5~8 行：由於 RetrievalQA 產生的回答是字典格式，'query' 和 'result' 分別代表問題和回答。在此使用 result['result'] 印出回答，若想檢視原始資料的話，可以取消註解，使用 result["source_documents"] 來查看。

輸入問題：公司是否有明確的成長或創新策略？

根據提供的資料，台積公司確實有明確的成長和創新策略。在年報中提到，台積公司致力於提升同仁的問題解決和創新能力，以維持競爭優勢並實現客戶滿意的雙贏目標。公司透過內部跨組織的學習交流和與客戶的合作，不斷改善產品和服務，並透過「台灣持續改善活動競賽」來分享改善手法，促進其他產業的發展與進步。此外，台積公司也持續優化製造營運，提高效率和生產力，並擴大全球足跡以接觸全球人才，進一步提升客戶信任。這些都顯示了台積公司在成長和創新方面的明確策略。

――――――――
輸入問題：公司目前正在開發的項目是？

根據年報資料，台積公司目前正在開發的項目包括：

1. 4 奈米 FinFET 強效版 (4nm FinFET Plus, N4P) 技術
2. N6 射頻 (Radio Frequency, RF) (N6 RF) 技術
3. 5 奈米 FinFET (N5) 技術的強化版 (N4X)
4. N6 射頻技術的開發
5. 12 奈米／16 奈米鰭式場效電晶體等邏輯製程技術
6. 特殊製程技術，如 InFO on Substrate with Redistribution Layer、InFO_oS 等
7. 具備人工智慧的智能元件，包括數位電視、機上盒、相機等消費性電子產品的人工智慧應用

這些項目反映了台積公司在先進製程技術、射頻技術、智能物聯網和消費性電子產品等領域的持續創新和開發努力。

――――――――
輸入問題：公司未來的展望是？

公司未來的展望是持續致力於優化製造營運，提高效率和生產力，支援未來的高度量產。公司正在增加台灣以外的產能，擴大未來的成長潛力和接觸全球人才。同時，公司也將持續關注全球貿易政策和措施的變動，並根據後續發展採取相應的因應措施。公司將繼續堅持專業積體電路製造服務商業模式，並充分發揮團隊合作的力量，以支持全球 IC 設計創新者取得成功。此外，公司也將持續關注氣候變遷和永續發展議題，推動低碳製造和淨零排放，並提升氣候韌性。

▲ 問答機器人完成！讀者可以輸入其他問題，來觀察 AI 的回答

　　這樣我們就成功地建構出專屬的 AI 問答機器人了！以後就不用慢慢翻閱年報，只需要針對我們感興趣的議題來進行提問，就能輕鬆、快速地掌握年報中的關鍵資訊。讀者可以將範例年報替換為其他公司的資料，針對自己感興趣的公司來提問。

7.4 年報總結與關鍵字分析

在上一節中，我們學會了如何透過向量資料庫來搜尋相關資料，並讓 AI 依據資料來進行回答。接下來，我們將進一步加強年報機器人的威力，讓它能夠透過「問題」或「重要的關鍵字」來統整、分析整份年報。

📊 年報總結

請執行下一個儲存格匯入 LangChain 的總結套件：

13

```
1 from langchain.chains.summarize import load_summarize_chain
```

當我們透過向量資料庫來搜尋相關資料並建構 Document 的串列後，就能使用 LangChain 中的 load_summarize_chain 方法來對文件進行總結。load_summarize_chain 提供 3 種進行總結的方式，分別是 'stuff'、'map_reduce' 和 'refine'，讓我們分別進行說明：

● **stuff：**

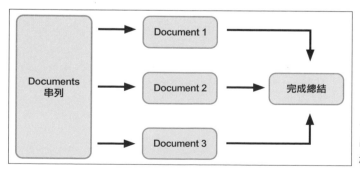

◀ Stuff 會將文件串列一起丟給語言模型來得出摘要

● **map_reduce：**

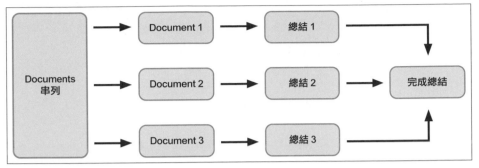

▲ map_reduce 會將文件中每個 Document 先進行個別總結，最後再合併起來作總結

● **refine：**

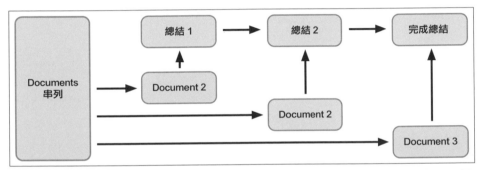

▲ refine 會以遞迴的方式進行總結。先對第 1 個 Document 作總結後，再與下一個 Document 加起來作總結 … 直到總結完全部的 Document

　　其中，由於 stuff 是一口氣將所有的 Document 進行總結，適用於篇幅較少的文件，但無法處理較長的文件。而 map_reduce 和 refine 兩者作總結的過程中會多次調用語言模型，會耗費更多時間與模型費用。就結果上來說，map_reduce 所生成的總結內容可能會過於精簡；refine 使用了遞迴總結的方法，連貫性會較高，但相對來說，後段內容的影響會逐漸擴大，前段內容的影響則會逐漸減少。

　　若要對整份文件進行總結，我們需要先建立一份「問題串列」，過濾出年報中的重要資訊，並整合成一份 Document 串列，就能使用剛剛介紹的方法來進行總結，請執行下一個儲存格：

```
 1  建立問題串列
 2  key_word = ['有關市場策略的調整或變化有何提及?',
 3              '公司對未來一年的展望是什麼?',
 4              '公司的總收入是否增長,淨利潤的正負情況是否有變化?',
 5              '國際競爭及海外市場情況',
 6              '目前的研發狀況?']
 7  data_list = []
 8  for word in key_word:
 9      data = db.max_marginal_relevance_search(word)
10      # 整合 Document 串列
11      data_list += data
12
13  建立提示訊息串列
14  prompt_template = [("system","你的任務是生成年報摘要."
15                      "我們提供年報{text}請你負責生成,"
16                      "且要保留重點如營收漲跌、開發項目等,"
17                      "最後請使用繁體中文輸出報告")]
18  prompt = ChatPromptTemplate.from_messages(messages=prompt_template)
```

程式碼詳解：

● 第 2~6 行：建立重點問題的串列。

● 第 7~11 行：首先建立一個串列 data_list, 接著使用資料庫物件中另一
  個相關度查詢方法 max_marginal_relevance_search() 進行查詢, 最後統整
  到 data_list 串列中。

Tip

Maximal Marginal Relevance (MMR) 在向量資料庫作查詢時會選擇最佳的資料, 這些資
料會確保所選內容的多樣性。以這種方法有助於避免過度選擇內容差不多的資料, 從
而提供更有價值的結果。

● 第 14~17 行：跟前面問答程式一樣建立提示模板, 讓語言模型了解它
  要完成的任務。

最後建立 load_summarize_chain 物件，即可將相關資料進行彙總，請執行下一個儲存格：

15

```
1 chain_refine_16k = load_summarize_chain(llm=llm_16k,    ← 模型
2                                          chain_type='stuff',
3                                          prompt=prompt)   ← 總結
4 print(chain_refine_16k.run(data_list))   提示模板 ↗      方法
```

在範例程式中，我們代入先前建立的 llm_16k 模型，將 tokens 限制在 16k 以內。 chain_type 總結方法設定為 stuff，讀者也可以自己試試看另外兩種總結方法。最後使用 run 方法即可將 Document 串列進行總結。

🖥 執行結果：

台積公司年報摘要

台積公司在過去一年取得了令人矚目的成績。公司的營業收入淨額增加了**42.6%**，達到 2 兆 **2,638 億 9,000** 萬元。稅後淨利為 1 兆 **165 億 3,000** 萬元，每股盈餘為 **39.20** 元，均比前一年有顯著增長。

在市場方面，智慧型手機市場的需求持續增長，對台積公司的業務帶來了積極的影響。此外，公司也在拓展其他領域的市場，如物聯網和高效能運算產品等，以提高公司的競爭力。

在技術方面，台積公司持續推動創新，推出了**N4X**製程技術和 **1.2FFC+** 射頻技術 **1.0** 版。公司也在開放創新平台方面取得了進展，並與多個合作夥伴合作，推動技術的發展和應用。

在可持續發展方面，台積公司致力於減少碳排放和提高能源效率。公司積極參與各種環境保護和社會責任活動，並獲得了多個相關獎項和認證。

未來，台積公司將繼續致力於技術創新和市場拓展，以保持競爭力和持續增長。公司將繼續推動可持續發展，並與各方合作，共同創造更美好的未來。

以上是台積公司年報摘要的重點內容。

▲ 機器人會依據「問題串列」對年報進行總結，並會提供營收與技術方面的重要數據

只需要不到一分鐘的時間，機器人就能將整份落落長的年報進行彙總，並列出關鍵的重要資訊，以後就不用慢慢細讀年報內容了！讀者可以針對感興趣的議題，來替換「問題串列」，讓機器人總結出不一樣的內容。

📊 關鍵字分析

剛剛的總結方式是依據「問題串列」取出相關資料最後進行統整，那有沒有辦法針對「某個問題」來讓 AI 進行分析呢？當然可以。但是！經測試，這樣沒辦法讓 AI 給出較全面的結論。舉例來說，如果只輸入「公司的營收狀況如何？」的單一問題，向量資料庫僅會回傳與營收相關的資料，可能無法看到各產品的銷售狀況或市場份額等資訊（這可能也是我們希望 AI 進行分析的部分）。

換句話說，在搜尋向量資料庫時，僅會回傳與「問題」相關度高的資料，但或許某些資料與問題有關，但會因為低相關度而無法篩選出來。因此，我們可以先讓 AI 列出延伸的「多個關鍵字」，進而提升搜尋相關資料時的深度與廣度。除此之外，我們也可以沿用第 6 章的方法，讓 AI 扮演年報分析師，並針對相關資料產生一份趨勢分析報告。

首先，我們需要建立一個對話提示模版，讓模型了解它的角色和任務，而且能針對提出的問題，提供與年報分析有關的關鍵字。請執行下一個儲存格建立 Chain 元件：

16

```
1 from langchain.chains import LLMChain
2 from langchain.output_parsers import CommaSeparatedListOutputParser
3 output_parser = CommaSeparatedListOutputParser()      ← 建立物件
4
5 word_prompt=ChatPromptTemplate.from_messages(messages=[
6     ("human","從 {input} 聯想出 4 個與年報分析有關的重要關鍵字,"\
7      "請確保回答具有具有關聯性、多樣性和變化性。  \n "
```

NEXT

```
 8        "僅回覆關鍵字，並以半形逗號與空格來分隔。不要加入其他內容"
 9        "")]
10 )
11 word_chain = LLMChain(llm=llm_16k, prompt=word_prompt)
12 output_parser.parse(word_chain('公司的營收狀況如何？ ')['text'])
                    ↖ 生成串列
```

程式碼詳解：

● 第 1 行：LangChain 的 Chain 元件可以連接模型與提示模板，剛剛問答
  程式的 RetrievalQA 也是其中一種。這裡使用 LLMChain 串接模型和提示
  模板完成 Chain 元件。

Tip

LangChain 提供各個不同的 Chain 元件，由於各自的作用不同，其中底層的提示模
板也不同。RetrievalQA 適用於與 AI 交談回答，但這裡的目的是分析資料，所以使用
LLMChain。

● 第 2 行：CommaSeparatedListOutputParser 是 LangChain 的 OutputParser 元
  件，可以要求模型輸出時以甚麼格式生成回答，這裡要求生成的格式為
  串列 List。

● 第 5~12 行：建立對話提示模板，要求模型根據代入的問題聯想出四個
  關鍵字，且生成的格式必須為逗號加空格，最後使用 parser() 方法將字
  串變成串列，逗號加空格可以讓 parser 判斷為串列中個別的元素。

🖥 執行結果：

```
['銷售額', '利潤率', '市場份額', '成長率']
```

接下來，我們需要建立第二個 Chain 元件，將 AI 角色設定為股票分析師，
負責進行年報分析。請執行下一個儲存格：

17

```
1  data_prompt=ChatPromptTemplate.from_messages(messages=[
2      ("system","你現在是一位專業的股票分析師,"
3      "你會以詳細、嚴謹的角度進行年報分析,針對{output}作分析並提及重要數字\
4      ,然後生成一份專業的趨勢分析報告。"),
5      ("human","{text}")])
6  data_chain = LLMChain(llm=llm_16k, prompt=data_prompt)
```

在此新增了一個提示模版 data_prompt, 要求模型針對關鍵字對年報原始資料進行分析。其中, 參數 output 會代入第 16 個儲存格的「問題與關鍵字串列」; text 則會代入搜尋到的 Document 原始資料。

在接下來的步驟中, 我們會將兩個 Chain 元件與資料庫元件整合成一個函式。首先, 這個函式會根據「問題」進行相關度查詢。接著, 利用第一個 Chain 元件聯想出「關鍵字」, 透過關鍵字再去查詢更多相關資料。最後利用第二個 Chain 元件來生成分析報告。請執行下一個儲存格建立函式:

18

↙ 輸入問題

```
1  def analyze_chain(input):
2      # 搜尋「問題」的相關資料
3      data = db.max_marginal_relevance_search(input)
4
5      # 第一個 Chain 元件, 建立「關鍵字」串列
6      word = word_chain(input)
7      word_list = output_parser.parse(word['text'])
8
9      # 搜尋「關鍵字」的相關資料
10     for i in word_list:
11       data += db.max_marginal_relevance_search(i,k=2)
12     word_list.append(input)
13
14     # 第二個 Chain 元件, 生成分析報告
15     result = data_chain({'output':word_list,'text':data})
16
17     return result['text']
```

↖ 每個關鍵字會
搜尋 2 筆 Document

程式碼詳解：

● 第 1 行：透過參數 input 傳入**問題**。

● 第 3 行：對**問題**進行相關度查詢。k 預設值為 4，所以會傳回 4 筆資料。

● 第 6~7 行：接著透過 word_chain 聯想出關鍵字後，使用 parser() 生成串列。

● 第 10~12 行：依照新的關鍵字再一次進行相關度查詢。每個關鍵字只返回 2 筆相關資料，然後將問題加入至關鍵字串列中。

● 第 15~17 行：將**關鍵字串列**與**原始資料**串列一同傳入至第二個 Chain 元件，最後將結果返回。

建立好函式後就可以來呼叫函式，請執行下一個儲存格呼叫函式並印出結果：

`19`

```
1 input = '公司的營收狀況如何？'
2 print(analyze_chain(input))
```

🖥 執行結果：

根據年報的資料，以下是對公司的營收狀況進行的分析：

1. 銷售額：在最近幾年中，公司的銷售額呈現增加的趨勢。從 2019 年的 682,004,023 元增加到 2022 年的 1,300,392,888 元，增長率約為 90%。這主要是由於公司的平均銷售單價提高、晶圓出貨量增加以及有利的匯率變動所致。

2. 利潤率：公司的利潤率呈現穩定增長的趨勢。從 2019 年的 50% 增加到 2022 年的 53%，增長率約為 6%。這主要是由於公司的平均銷售單價提高、有利的匯率變動以及持續成本改善所致。

3. 市場份額：根據報告中提到，公司的先進製程 (7 奈米及更先進製程) 的營收佔晶圓銷售的比例分別為 9%、27%、41%、50% 和 53%。這顯示公司在先進製程市場具有競爭優勢並能獲得更多的市場份額。

NEXT

4. 成長率：從 2019 年到 2022 年，公司的營收成長率平均為約 32%。這顯示出公司在過去幾年中取得了穩定的成長。

綜合以上分析，可以看出公司的營收狀況良好，銷售額和利潤率都呈現增長的趨勢。然而，需要進一步評估公司在競爭激烈的市場環境中的持續競爭力和未來的增長潛力。

▲ 機器人會針對各個關鍵字進行專業分析

　　在本章中，我們介紹了 LangChain 這個強大的工具。透過這個工具，能夠突破 GPT 模型 token 數的限制，幫助投資人能以最少的時間對數百頁的年報資料進行問答與分析，並快速了解一間公司的發展概況，這有助於提升我們在進行投資決策上的效率。甚至，你也可以將 GPT 的分析報告量化，以此來建構出長期的投資組合。

　　好比說，近期就有國外論文利用語言模型針對 1,000 多檔股票的年報進行分析，將生成的報告依據 0~100 的評分量化，以此建構投組。結果發現模型能有效預測股票未來 1 年的報酬，回測結果也成功打敗大盤[註]。總而言之，如果你是偏好長期投資的投資人，年報資訊無疑具有重要的參考價值，也是在制定長期策略的一個重要分析項目。

註　論文網址：https://arxiv.org/abs/2309.03079v1?fbclid=lwAR1TcOW6qY3vo9kA0aBX sA_cTuGRZX8VjaBeiN_ay9vUWcqdNF2JfxDnBYc

08

建構投資組合：
讓 AI 輔助選股

在前幾章中，我們介紹的都是單一股票的策略或分析研究，而在本章中，將會推展到「投資組合」的領域中。除了以常見的選股策略來建構投資組合之外，我們也會納入前兩章的趨勢與年報分析，讓 AI 以多面向的資料來建構股票推薦系統。

8.1 建構投資組合

　　我們在第 1 章有提到過多角化投資的重要性，而投資組合即代表購買一籃子的資產，那要如何選出這些資產呢？當然不是隨便亂選，在這個小節中，我們會以股票為主要的投資項目，並提供幾種最常用的條件選股策略。

> **Tip**
>
> 注意！若要達到真正意義上的「多角化投資」，投資組合不僅僅只包括股票，需同時涵蓋活存、債券、黃金、不動產或是虛擬貨幣等多種不同類型的資產，降低資產間的相關性，才能有效地分散非系統性風險。

📊 前置作業

　　請讀者先開啟本章的範例程式網址，並複製到自己到帳戶：

```
https://bit.ly/stk_ch08
```

　　基本上來說，若要建構投資組合的話，需使用到**截斷面資料**或**面板資料**。在某一特定的時間點或區間內，挑選出符合條件的股票。例如：近一周漲幅最高、近一年營收成長最高、大市值股或高本益比等等。所以在這一節中，會使用我們事先建構好的資料庫，這個資料庫由 3 個資料表組成，包含了**上市公司的基本資料**、**日頻的股價資料**與**季頻的營收資料**。請依序執行第 1 到第 5 個儲存格來下載旗標資料庫：

1

```
1 !pip install gdown
2 import gdown  ← 下載雲端資料套件
3 import os
4 import datetime as dt
5 import time
```

NEXT

```
 6 from IPython.display import display
 7 import pandas as pd
 8 from google.colab import drive
 9 from tqdm import tqdm
10 drive.mount('/content/drive')  ← 授權並掛載到自己的雲端硬碟
```

　　gdown 套件是用於從 Google 雲端硬碟中下載檔案，可以透過這個套件直接下載其他人開啟共享的檔案網址。drive.mount() 為串接 Colab 和雲端硬碟的方式，方便我們直接儲存或讀取檔案到雲端硬碟中。執行此儲存格後，會要求進行授權確認，請依據以下步驟來掛載雲端硬碟：

③ 按一下

　　掛載好雲端硬碟後，就可以開始下載資料庫檔案。請執行下一個儲存格：

```
 1  # 指定下載路徑
 2  !mkdir -p "/content/drive/MyDrive/StockGPT/"
 3  output_path = '/content/drive/MyDrive/StockGPT/'
 4
 5  # 檢查資料庫是否存在
 6  stock_db_path = output_path + 'stock.db'
 7  if not os.path.exists(stock_db_path):
 8      print("下載資料庫中...")
 9      url = 'https://drive.google.com/u/0/uc?id=1Sp0Xqoulr1SkdBsSZBkw9
        xlDJpVWzYuR&export=download'   ← 旗標資料庫的路徑網址
10      gdown.download(url, stock_db_path)
```

NEXT

```
11      print("下載完成")
12 else:
13      print("無需下載")
```

● 第 2~3 行：使用 mkdir 指令來新增 StockGPT 資料夾，作為資料庫的儲存路徑。'-p' 可以判斷資料夾是否存在，不存在就會新增。

● 第 7~13 行：為了避免每次執行程式都重新下載資料庫，這邊使用 os.path 中的 exists() 方法來判斷是否已存在檔案，如果不存在再透過 gdown 套件中的 download() 方法下載檔案。其中，url 即為資料庫的下載網址，第 2 個參數則為指定要存放的路徑。

🖥 執行結果：

```
下載資料庫中...
Downloading...
From: https://drive.google.com/uc?export=download&id=1-3ikZdKvQCTKFnDeC43xjZfMNS4K-RCx
To: /content/drive/MyDrive/StockGPT/stock.db
100%|████████████████| 786M/786M [00:09<00:00, 78.7MB/s]
下載完成
```

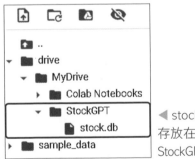

◀ stock.db 檔案會
存放在雲端硬碟的
StockGPT 資料夾中

　　由於本章承接之前的第 6、7 章，為了減少重複的程式碼，我們將先前的程式碼寫成套件並存放在 GitHub 中。請執行下一個儲存格來安裝旗標套件：

3

```
1 !git clone https://github.com/FlagTech/F3933.git  ← 安裝旗標套件
2 %cd F3933
3 !pip install -r requirements.txt
4 from Stock_GPT import StockAnalysis, StockInfo  ← 匯入第 6 章程式碼
5 from Stock_Loader import PdfLoader    ← 匯入第 7 章程式碼
6 from Stock_DB import StockDB      ← 匯入資料庫程式碼
7 %cd ..
```

　　執行上述程式後，在 Colab 上會出現一個名為 F3933 的資料夾，然後使用 cd 指令前往該路徑並安裝相關套件，最後再使用 cd .. 返回到原本的路徑。

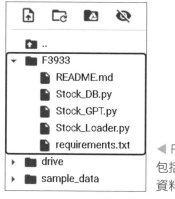

◀ F3933 資料夾中包括了第 6、7 章和資料庫的程式碼

　　在本書出版的當下，資料庫檔案更新到 2023 年 10 月份，而我們也會不定時更新此資料庫檔案。若須更新至最新資料的話，可執行下一個儲存格：

4

```
1 stock_db = StockDB()   ← 建立資料庫物件
2 stock_db.renew()     ← 更新資料
3 stock_db.close()     ← 關閉資料庫
```

🖥 執行結果：

```
線上讀取股號、股名、及產業別
要更新的公司：        股號  股名   產業別
830  6526  達發  半導體業
日頻基本資料的最後更新日：2023-10-13
開始日期：2023-10-14
[*******************100%%*******************]  978 of 978 completed
更新日本益比、融資融卷、三大法人資料
完成更新：20231016
完成更新：20231017
完成更新：20231018
[2790 rows x 14 columns]
季頻基本資料的最後更新日：('2023', 'Q2')
更新季頻
不用更新！
```

▲ 執行程式後，會自動檢查是否有新的上市公司，並同時更新 3 個資料表

　　更新完成後就可以確保資料庫目前是最新的資料，接著如何查看資料內容呢？我們也已經寫好在程式中了，使用 get() 就可以查看各個表格，請執行下一個儲存格來觀察資料表結構：

5

```
1 # 從資料庫中取得表格
2 stock_db = StockDB()
3 df_company = stock_db.get("公司")
4 df_daily = stock_db.get("日頻", psdate=True)
5 df_quarterly = stock_db.get("季頻", psdate=True)
: (省略部分程式碼)
```

　　─ 資料表名稱

　　我們建立的資料庫包含了 3 個資料表，名稱分別為 " 公司 "、" 季頻 " 及 " 日頻 "。使用 get() 方法即可返回 DataFrame 格式的資料。除了表格名稱的參數之外，也可以使用 select 和 where 來進行條件搜尋，與一般使用 SQL 語法的 SELECT 和 WHERE 用法相同，有興趣的讀者可以自己試試看。

🖥 執行結果：

● 公司基本資料表 (" 公司 ")：

	股號	股名	產業別	股本	市值
0	1101	台泥	水泥工業	7.136180e+09	2.501231e+11
1	1102	亞泥	水泥工業	3.546560e+09	1.425717e+11
2	1103	嘉泥	水泥工業	6.588940e+08	1.242015e+10
3	1104	環泥	水泥工業	6.732170e+08	1.908570e+10
4	1108	幸福	水泥工業	4.047380e+08	6.212728e+09

▲ 公司基本資料表有股號、股名、產業別、股本和市值

● 日頻股價資料表 (" 日頻 ")：

	股號	日期	開盤價	最高價	最低價	收盤價	還原價
0	1101	2015-01-05	31.923370	31.923370	31.482035	31.629147	20.498331
1	1101	2015-01-06	31.261366	31.334923	30.967140	31.077475	20.140799
2	1101	2015-01-07	31.077475	31.298143	30.783251	30.967140	20.069292
3	1101	2015-01-08	31.077475	31.371700	30.967140	31.077475	20.140799
4	1101						

成交量	殖利率	日本益比	股價淨值比	三大法人買賣超股數	融資買入	融卷賣出
3847400.0	5.35	14.88	1.42	-1005483	211.0	20.0
10386622.0	5.44	14.62	1.40	-2524874	208.0	32.0
11841293.0	5.46	14.57	1.39	-5742000	264.0	13.0
11815462.0	5.44	14.62	1.40	-5120668	245.0	38.0
14240820.0	5.50	14.46	1.38	-7993555	566.0	56.0

▲ 日頻股價資料表有股號、日期、開盤價、最高價、最低價、收盤價、還原價、成交量、殖利率、日本益比、股價淨值比、三大法人買賣超股數、融資買入和融卷賣出

● 季頻營收資料表 (" 季頻 ")：

	股號	年份	季度	營業收入	營業費用	稅後淨利	每股盈餘
0	1101	2023	Q2	27668242.0	2616710.0	4206683.0	0.45
1	1101	2023	Q1	26295929.0	2303154.0	1005644.0	0.20
2	1101	2022	Q4	34655376.0	2847972.0	2602702.0	0.36
3	1101	2022	Q3	31123036.0	1667142.0	1638592.0	0.22
4	1101	2022	Q2	25177833.0	2117977.0	-940715.0	-0.02

◀ 季頻營收資料表有股號、年份、季度、營業收入、營業費用、稅後淨利和每股盈餘

接下來，我們會以白話的方式讓 AI 依據資料表來進行選股操作，請讀者先輸入自己的 openai 金鑰和建立物件：

6

```
1  import getpass
2  openai_api_key = getpass.getpass("請輸入金鑰:")
3  six = StockAnalysis(openai_api_key)
4  seven = PdfLoader(openai_api_key)
```

▲ 建立第 6、7 章的程式碼物件。

📊 AI 自動化選股機器人

在以下範例中，我們會以幾種常用的選股方法為例，將**表格資料**及**選股需求**輸入至模型中，模型會依據條件來聯想出應該要執行的步驟，最後生成操作 DataFrame 表格的程式碼。

請執行下一個儲存格，並輸入所需的選股需求：

輸入範例

請選出近一週漲幅最高的 10 檔股票　　　　　　　　← 趨勢選股策略
請選出大市值股 (前 **10%**) 且近期營收成長最高的 10 檔股票　← 營運體質穩定、具增長潛力
請選出半導體業且近期每股盈餘成長率最高的 10 檔股票　← 同產業中, 成長率高的股票
請選出近一年股價淨值比最低的 10 檔股票
請選出近一個月成交量前 **10%** 的股票中找出日本益比最低的 5 檔不同的股票

股票被市場過度低估, 但目前受到較高關注

7

```python
1  # 輸入使用者需求
2  user_msg = input("請輸入選股需求:")
3
4  # 自動處理 3 個資料表並生成程式碼
5  history, code_str = six.ai_helper(user_msg)
6
7  # AI 自動選股 & 除錯
8  success = False
9  for _ in range(3):
10     try:
11         # 新建 df 表格
12         df1 = df_company
13         df2 = df_daily
14         df3 = df_quarterly
15
16         print(code_str)
17         exec(code_str)
18         new_df = calculate(df1, df2, df3)
19         success = True
20         break
21     except Exception as e:
22         print(f"AI 除錯中...")
23         code_str = six.ai_debug(history, code_str, str(e))
24         print(code_str)
25         print("------------------------")
26
27 if not success:
28     print("請更換或重新輸入選股需求")
29 else:
30     display(new_df)
```

執行以上程式後，我們可以將選股需求輸入至 input 輸入框中，AI 會根據資料表的欄位自動分析，並篩選出符合條件的股票。程式碼詳解如下：

● 第 5 行：使用第 4 章介紹過的 ai_helper() 函式來進行 df 表格處理並生成程式碼。但在這邊有稍微進行修改，讓其認識 3 張資料表的各個欄位。除此之外，我們也將選股需求（歷史對話紀錄）指定為 history, 以利後續除錯之用。

- 第 12~14 行：為 3 個資料表創建新的別名，避免進行選股時更動到原本的資料表。

- 第 10~25 行：添加例外處理的情況，並限制 AI 除錯次數為 3 次。

- 第 17~18 行：使用 exec() 函式來執行 AI 生成的程式碼 calculate()。

- 第 23 行：使用 ai_debug() 函式對錯誤的程式碼進行修正。

📝 AI debug

在進行選股操作時, AI 有時會生成錯誤的程式碼, 導致無法正確地處理 df 表格資料。為了解決這個問題, 我們設置了一個 ai_debug() 函式, 這個函式能夠讓 AI 根據錯誤訊息進行程式碼的修正, 確保能順利運行。程式碼如下：

↙ 先前的使用者需求　↙ 錯誤訊息

```
1 def ai_debug(history, code_str, error_msg):
2                              ↖ 錯誤程式碼
3     msg = [{
4         "role": "system",
5         "content":                          ↙ 要求 AI 扮演除錯機器人
6         "You will act as a professional Python code generation \
7         robot.I will send you the incorrect code and error \
8         message.Please correct and return the fixed code. \
9         Please note that your response should solely \
10        consist of the code itself, \
11        and no additional information should be included."}]
12
13    msg += history      ← 使用者需求 (歷史對話紀錄)
14
15    msg += [{
16        "role": "system",
17        "content":f"{code_str}"
```

NEXT

```
18        }, {
19            "role": "user",
20            "content": f"The error code:{code_str} \n\
21            The error message:{error_msg} \n\
22            Please reconfirm user requirements \n\
23            Your task is to develop a Python function named \
24            'calculate(df_company, df_daily, df_quarterly)', \
25            Please note that your response should solely \
26            consist of the code itself, \
27            and no additional information should be included."
28        }]
29
30        reply_data = get_reply(msg)
31        return reply_data
```

請 AI 依據錯誤程式碼及錯誤訊息來修正

產生錯誤訊息的原因有可能是因為 AI 並不了解各欄位的詳細資料類型，為了改善這個問題，就讓 AI 來幫助 AI 吧！這樣一來，它就能根據先前所生成的程式碼以及錯誤訊息來自行修正。

💻 執行結果（大市值股且近期營收成長最高的 10 檔股票為例）：

```
def calculate(df_company, df_daily, df_quarterly):  ── 先產生程式碼

    # 從 df_quarterly 中計算每支股票的營業收入成長率
    grouped_growth_rate = df_quarterly.groupby('股號')['每股盈餘成長率'].mean()

    # 將營業收入成長率與 df_company 合併
    df_company_with_growth_rate = pd.merge(df_company, grouped_growth_rate,

    # 計算大市值股的門檻值
    market_cap_threshold = df_company_with_growth_rate['市值'].quantile(0.9)

    # 選出大市值股中營業收入成長率最高的10檔股票
    high_market_cap_stocks = df_company_with_growth_rate[df_company_with_gro
    top_10_growth_stocks = high_market_cap_stocks.sort_values(by='每股盈餘成長

    return top_10_growth_stocks
AI 除錯中...  ── 若錯誤則自動進行除錯處理
def calculate(df_company, df_daily, df_quarterly):
    grouped_growth_rate = df_quarterly.groupby('股號')['每股盈餘成長率'].mean()
    df_company_with_growth_rate = pd.merge(df_company, grouped_growth_rate,
    market_cap_threshold = df_company_with_growth_rate['市值'].quantile(0.9)
```

	股號	股名	產業別	股本	市值	每股盈餘成長率
52	1402	遠東新	紡織纖維	5.352100e+09	1.538729e+11	2.459249
569	3231	緯創	電腦及週邊設備業	2.847860e+09	3.161125e+11	2.005919
142	1605	華新	電器電纜	4.031330e+09	1.515780e+11	1.991789
483	2888	新光金	金融保險業	1.548760e+10	1.480615e+11	1.565708
374	2474	可成	其他電子業	6.803640e+08	1.228057e+11	1.408129
267	2317	鴻海	其他電子業	1.386150e+10	1.476250e+12	1.206370
868	6770	力積電	半導體業	4.069150e+09	1.139362e+11	1.194943
302	2371	大同	電機機械	2.319870e+09	1.064820e+11	1.118044
286	2352	佳世達	電腦及週邊設備業	1.966780e+09	8.988185e+10	0.946396
437	2618	長榮航	航運業	5.399340e+09	1.722389e+11	0.920954

▲ 最後會輸出符合條件的 DataFrame 表格

　　在這一小節中，我們是用特定條件來進行選股，這種策略雖說不上壞，但過於籠統、缺乏多面向的資料分析，沒辦法很確切地知道這些股票的實際狀況。接下來，我們會整合前幾章的趨勢分析與年報分析機器人，生成多檔股票的報告並建立評分系統。其中，**趨勢分析所涵蓋的資料期間較短，適用於短期的買賣決策；而年報分析所涵蓋的資料期間較長，適用於長期的買賣決策。**

8.2　AI 趨勢報告推薦系統

　　記得前一小節建立的第 6 章程式碼物件嗎？這節將使用第 6 章的個股分析機器人，先產生多檔股票的趨勢分析報告，然後根據報告結果再次進行篩選、建立評分排序，並讓模型從中推薦出一檔具有潛力的投資標的。

　　首先，來複習一下趨勢分析報告是如何生成的，執行下一個儲存格生成 2330 台積電的趨勢分析報告：

```
1 reply = six.stock_gpt(stock_id="2330")
2 print(reply)
```

🖥️ 執行結果：

```
[********************100%%********************]  1 of 1 completed
```
報告日期：2023 年 10 月 19 日

對象：台積電 (2330-TW)

1. 近期價格資訊：
根據提供的資料，台積電的股價在近期有些波動。從 2023 年 10 月 3 日到 10 月 18 日，台積電的收盤價從 529.0 元下跌至 540.0 元，然後再回升至 551.0 元。每日報酬率方面，我們可以看到股價的波動性相對較高，但整體而言，股價呈現一定的上升趨勢。

2. 每季營收資訊：
根據提供的資料，台積電的營收成長率在最近三個季度有所波動。2023 年第二季度的營收成長率為 -5%，第一季度為 -19%，而去年第四季度則為 2%。這顯示台積電在營收方面面臨一些挑戰，但整體而言，公司的營收仍然保持在一定的增長軌道上。

…省略部分報告內容

　　接下來，讓我們來蒐集 10 檔股票的趨勢分析報告，請執行下一個儲存格：

```
1 #建立股票清單              ↙ 讀者可自定義自己的股票清單
2 stock_list = ['2364', '2535', '3041', '5215', '2363',
3               '1568', '2369', '2816', '9955', '2233']
4
5 #設定儲存路徑
6 today_time = dt.date.today().strftime("%Y%m%d")
7 path = '/content/drive/MyDrive/StockGPT/TrendReport/'
8 os.makedirs(path, exist_ok=True)      ↖ 設定路徑, 將分析
9                                          報告進行儲存
```

NEXT

```
10 #建立多檔股票的趨勢報告並儲存
11 content = {}
12
13 for stock in stock_list:
14   file_path = f"{path}trend_{stock}_{today_time}.txt"
15
16   if os.path.exists(file_path):
17     print(f"{stock} 檔案已存在")
18   else:
19     with open(file_path, "w", encoding="utf-8") as f:
20       f.write(six.stock_gpt(stock_id=stock))
21
22   with open(file_path, "r", encoding="utf-8") as f:
23     content[stock] = f.read()
```

這段程式碼的主要功能是使用迴圈來處理股票清單中的股票，生成每檔股票的趨勢分析報告，然後將報告儲存到指定的路徑中。如果報告已存在，則不會重複呼叫 stock_gpt() 函式，以避免浪漫 API 資源。最後，報告的內容會讀取至 content 字典中，以供後續儲存格使用。

有了這些分析報告後，我們就能讓 AI 自己解讀報告內容，判斷哪一檔股票最適合投資，也可以反向操作讓 AI 找出最不適合投資的股票，甚至可以對報告做評分進行排序。接下來，就讓 AI 選出它覺得最適合投資的股票，請執行下一個儲存格：

10

```
1 def stock_choice(data):
2     # 設定提示模板
3     msg = [{
4         "role": "system",
5         "content":
6         "你現在是一位專業的證券分析師，你會針對各股的專業趨勢分析報告, \n\
7             選擇出最適合投資的一檔股票，並說明選擇它的理由。"
8     }, {
```

↖ 讓 AI 從多檔股票的
資料推薦出一檔

NEXT

```
 9          "role": "user",
10          "content": str(data)
11      }]
12
13    reply_data = six.get_reply(msg)
14    return reply_data
15
16 print(stock_choice(content))
```

在以上程式中，我們建立了 stock_choice() 的函式，要求 AI 從多檔股票的趨勢報告中，推薦出一檔並詳細說明選擇的原因。這個方法的最大優點在於能夠有效縮短投資人的研究時間。想像一下，當有上百檔或上千檔股票供你選擇時，逐一分析絕對是一項不可能的任務，此時 AI 就能作為我們的得力助手，快速分析各檔股票的報告，並提供建議。

🖥 執行結果：

我選擇倫飛（股票代號：2364）作為最適合投資的一檔股票。

根據分析報告，倫飛的股價在近期呈現波動的趨勢，但整體上呈現正向的增長。基本面方面，倫飛的營收成長率和每股盈餘（EPS）在 2023 年第三季度均呈現改善的趨勢，顯示公司營運狀況有所提升。此外，倫飛的股價波動可能受到市場情緒和相關產業的影響。

重要數字摘要顯示，倫飛近期股價漲幅達 39.81%，2023 年第三季度營收成長率為 6%，2023 年第三季度 EPS 為 1.43 元，2023 年第三季度 EPS 季增率為 0.95。

綜合以上分析，倫飛在近期呈現正向的股價增長趨勢，且基本面表現有所改善。投資者應密切關注倫飛的營收和盈利表現，以及相關的新聞資訊，以做出明智的投資決策。

以上報告僅供參考，投資者應自行進行更詳細的研究和分析，並在必要時諮詢專業意見。

除了推薦一檔股票之外，我們還能夠透過更換提示模板的方式，讓 AI 對每一檔股票進行評分排序。請執行下一個儲存格：

```
1  def stock_sort(data):
2      # 設定提示模板
3      msg = [{
4          "role": "system",
5          "content":
6          "你現在是一位專業的股票分析師，會根據各股的專業趨勢分析報告去評斷\
7          適不適合投資，並給予 0-100 之間的評分。\n\
8          以 50 分為基準，有任何正面消息可以加分如:\n\       ↙ 加分條件
9          股價整體上升、法人買超、營收成長上升、新聞有正面消息; \n\
10         若有任何負面消息必須扣分如:\n\
11         股價整體下降、法人賣超、營收成長下降、新聞有負面消息。\n\
12         最後請將所有股票依照評分排序出來。"                ↖ 減分條件
13     }, {
14         "role": "user",
15         "content": str(data)
16     }]
17     reply_data = six.get_reply(msg)
18     return reply_data
19
20 print(stock_sort(content))
```

　　在 stock_sort() 函式中，我們將提示模板進行替換，並設立一個評分標準，要求 AI 依據條件來對各股票進行評分。當報告中有較多正面消息時，會使評分增加；而負面消息則會使評分減少。這樣一來，我們不僅僅能看到最高評分的股票，還能夠將文字類型的報告進行量化。

🖥 執行結果：

根據以上提供的股票分析報告，我將根據股價走勢、基本面分析和新聞資訊分析給予每支股票評分，並按照評分從高到低的順序進行排序。

評分結果如下：

1. 倫飛（2364） - 評分：80

NEXT

2. 菱生（2369-TW）－ 評分：75
3. 佳龍（9955-TW）－ 評分：70
4. 宇隆（2233）－ 評分：65
5. 科嘉-KY（5215）－ 評分：60
6. 倉佑（1568）－ 評分：55
7. 揚智（3041）－ 評分：50
8. 矽統（2363）－ 評分：45
9. 達欣工（2535）－ 評分：40
10. 旺旺保（2816-TW）－ 評分：35

請注意，以上評分僅供參考，投資者應自行進行更詳細的研究和分析，並在投資前諮詢專業意見。評分僅基於提供的資訊，並不代表股票的實際表現。

　　總結來說，透過以上程式，我們能將股票分析的複雜過程大幅簡化，讓 AI 來提供了更快速的選股策略。除此之外，AI 的推薦系統是基於客觀的數據分析上，會根據特定條件與已知事實進行判斷，減少投資人受到主觀情緒影響所作出的決策。

8.3　AI 年報分析推薦系統

　　趨勢分析報告是使用短期的股票資訊來進行推薦選股，能輔助我們進行短期的投資決策。有實測前一節程式的讀者應可發現，每天、每週所推薦的股票都不太一樣。那有沒有什麼更長期，或是更穩定的選股方法呢？我們可以如法炮製，將推薦選股的資料替換為第 7 章的年報分析報告，從而依據企業的長期營運狀況來提供更深入的股票建議。

　　在本節中，我們將利用多個問題（例如：財務成長、營運策略、創新研發等）尋找年報中的關鍵資料，並讓模型生成各檔股票的分析報告，最後推薦出一檔適合投資的股票。

注意！此節使用 16k 的 GPT 模型來進行大量的文本資料分析，會花費較多 API 的信用額度。尤其是如果你要分析更多的股票檔數的話，所需的費用是筆不小的開銷。在運行本章程式碼前，建議確認自己的信用額度是否足夠。

讓我們一樣以先前的 stock_list 作為範例，使用第 7 章的程式先取得各檔股票的年報 PDF 檔案。請執行下一個儲存格：

12

```
1 # 建立股票清單
2 stock_list = ['2364', '2535', '3041', '5215', '2363',
3                '1568', '2369', '2816', '9955', '2233']
4
5 # 取得並儲存年報資料
6 for stock in stock_list:
7   if not os.path.exists(
8       f'/content/drive/MyDrive/StockGPT/PDF/112_{stock}.pdf'):
9     try:
10        seven.annual_report(stock,'112')
11    except:
12        time.sleep(10)
13        while True:
14            try:
15                seven.annual_report(stock,'112')
16                break
17            except:
18                time.sleep(10*2)
```

運行以上程式後，會自動下載股票清單中的多份年報，並存放在 StockGPT 資料夾內的 PDF 資料夾中：

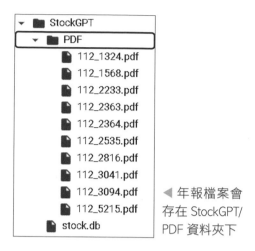

◀ 年報檔案會
存在 StockGPT/
PDF 資料夾下

Tip

由於連續下載多個 PDF 會啟動網站的爬蟲偵測，筆者有將套件內的 annual_report() 函
式設定隨機時間下載，以避免爬蟲偵測。另外，有時在下載年報檔案時，會下載到 ZIP
的壓縮檔，筆者也有對程式進行修改，讓其自行解壓縮成 PDF。有興趣的讀者可自行
查閱 F3933 資料夾下的原始碼。

　　與第 7 章相同，我們需要先透過嵌入的方式將年報文字轉成數值型態的
向量，請執行下一個儲存格來建立向量資料庫：

13

```
1 db_list=[]
2 for i in stock_list:
3     if not os.path.exists(
4         f'/content/drive/MyDrive/StockGPT/DB/112_{i}'):
5         print('start',i)
6         db_list.append(
7             seven.pdf_loader(
8                 f'/content/drive/MyDrive/StockGPT/PDF/112_{i}.pdf',
9                 600, 60))
```

這邊的程式也作了點小更改。在原本第 7 章中，並沒有將向量資料庫存放在特定路徑中，但現在我們將它存放在 StockGPT 資料夾的 DB 資料夾中。這樣一來，未來如果需要讀取向量資料庫會更加方便，不需要再重新建立：

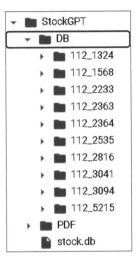

◀ 建立好的向量資料庫
會儲放在 DB 資料夾中

Tip

若已經建立好向量資料庫，下一次要使用時可以略過第 13 個儲存格，這樣就不必再重建一次。

接下來，請執行下一個儲存格來建立資料庫物件：

14

```
1 from langchain.embeddings import OpenAIEmbeddings  ← 嵌入模型
2 from langchain.vectorstores import FAISS  ← 向量資料庫套件
3
4 db_list=[]
5 for i in stock_list:
6     db_list.append(
7         FAISS.load_local(
8             folder_path=f'/content/drive/MyDrive/StockGPT/DB/112_{i}',
9             embeddings=OpenAIEmbeddings()
10             ))
```

在以上程式中，若已經建立好向量資料庫的話，就可以直接使用 FAISS 類別中的 load_local() 方法來讀取 DB 路徑中的向量資料庫，並使用嵌入模型來建立物件。最後儲存在 db_list 的串列中。

在下一個儲存格中 我們會針對年報中想分析的資訊來建立問題串列，這邊以下面 5 個問題為例，讀者可自行更換下列問題：

15

```
1  key_word = ['公司的財務健全度為何？',
2              '營運策略和市場定位是什麼？',
3              '面對哪些主要風險和挑戰？',
4              '公司在研發和創新方面有哪些成就和計劃？',
5              '公司治理結構和管理層的組成是？']
```

接下來，我們會建立兩個函式，分別為根據關鍵字來取得相關資料的 generate_data() 函式，以及年報分析機器人的 stock_report_summary() 函式。請執行下一個儲存格：

16

```
1  # 建立從向量資料庫取得相關資料的函式
2  def generate_data(db, key_word):
3      results = []
4      for word in key_word:
5          results.append(seven.analyze_chain(db, word))
6      return results
7
8  # 建立年報分析機器人
9  def stock_report_summary(data):
10
11     msg = [{
12         "role": "system",
13         "content": "你現在是一位專業的年報分析師,\n\
14                     你會針對年報報告彙整出一份專業的分析報告。\n\
15                     請以詳細、嚴謹及專業的角度撰寫此報告,並提及重要的數字\
16                     ,reply in 繁體中文"
```

NEXT

```
17      }, {
18          "role": "user",
19          "content": str(data)
20      }]
21
22      reply_data = six.get_reply(msg)
23
24      return reply_data
```

程式碼詳解：

● 第 2 行：generate_data() 函式的主要用途為從向量資料庫中取得問題串列的相關資訊。這個函式接收兩個參數，db 為特定股票的向量資料庫；key_word 則為先前建構的問題串列。

● 第 3~6 行：建立一個 results 串列，並以迴圈的方式搜尋各關鍵字的相關資訊，最後添加到 results 中。

● 第 9~24 行：建立訊息模板，要求 AI 扮演年報分析師，並提及年報資訊中的重要數字。

建立好函式之後，我們就能來讓 AI 生成各檔股票的年報分析報告了。同樣地，為了避免重複運行、浪費資源，我們會設定一個資料夾，將各檔股票的年報資訊儲存下來。請執行下一個儲存格：

17

```
1  #年報分析檔案的儲存路徑
2  path = "/content/drive/MyDrive/StockGPT/AnnualReport/"
3  os.makedirs(path, exist_ok=True)
4
5  #建立多檔股票的年報分析報告並儲存
6  content = {}
7
8  for stock in tqdm(stock_list, total=len(stock_list)):
9      file_path = f"{path}annual_{stock}_112.txt"
```

NEXT

```
10
11    if os.path.exists(file_path):
12      print(f"{stock} 檔案已存在")
13    else:
14
15        db = db_list[stock_list.index(stock)] ← 取得該股票的向量資料庫
16        report = stock_report_summary(generate_data(db, key_word))
17                          ↖ 生成年報分析報告        ↖ 用關鍵字來搜
18        with open(file_path, "w", encoding="utf-8") as f: 尋向量資料庫
19          f.write(report) ← 儲存報告
20
21    # 取得股名
22    name = six.stock_info.get_stock_name(stock, six.name_df)
23
24    with open(file_path, "r", encoding="utf-8") as f:
25        content[f"{name}({stock})"] = f.read()
```

程式碼詳解：

● 第 2~3 行：建立年報分析報告的儲存路徑。

● 第 8 行：用迴圈來儲存每一檔股票的年報分析報告。由於全部生成需要大約 40 分鐘的時間，所以搭配 tqdm 來顯示進度條。

● 第 15~19 行：取得對應股票的向量資料庫，並使用 generate_data() 函式找尋相關資料，最後使用 stock_report_summary() 來生成年報的分析報告。

● 第 22~25 行：將各檔股票的分析報告添加到 content 字典中。另外，由於年報作分析時不會取得自身股號和股名，所以在此讀取股名，並設定為字典中的鍵值 (key)。

讓我們沿用先前的趨勢報告分析程式，直接讓 AI 推薦出一檔股票：

18

▶ 1 print(stock_choice(content))

💻 執行結果：

根據提供的報告分析，我選擇倫飛 (2364) 作為最適合投資的一檔股票。

以下是我選擇該股票的理由：

1. 財務表現良好：根據年報分析，公司的利息保障倍數、資產報酬率、權益報酬率、稅前純益占實收資本比率、純益率、每股盈餘和現金流量允當比率等財務指標都呈現增加的趨勢。這顯示公司的獲利能力和財務狀況正在改善，有潛力繼續成長。

2. 企業形象和風險管理：根據年報，公司重視企業形象和風險管理，並透過透明、互信的溝通管道來維護公司的優良企業形象。這顯示公司注重企業價值和風險控制，有助於提高投資者的信心。

3. 產品創新和研發：根據年報，公司對於產品創新和研發非常重視，並致力於開發新產品和應用。這顯示公司具有創新能力和市場競爭力，有助於提高公司的市場份額和獲利能力。

綜合以上理由，我認為倫飛 (2364) 具有良好的財務表現、注重企業形象和風險管理，並致力於產品創新和研發。這些因素使該公司成為一個具有投資潛力的選擇。然而，投資涉及風險，建議在做出投資決策之前，進一步研究和評估該公司的相關資訊和市場環境。

　　我們一樣可以要求 AI 進行評分排序，並根據要求如果財務穩定成長且具競爭力就會加分；相反則扣分，請執行以下程式觀察最後結果：

19

```
1 def stock_report_sort(data):
2     # 設定提示模板
3     msg = [{
4         "role": "system",
5         "content":
6         "你現在是一位專業的股票分析師，會根據各股的年報分析報告去評斷\
7         適不適合投資，並給予 0-100 之間的評分。\n\
8         以 50 分為基準，有任何正面消息可以加分如:\n\
9         財務呈現穩定增長的趨勢、具有競爭優勢; \n\     ← 加分條件
10        若有任何負面消息必須扣分如:\n\
11        財務呈現下降的趨勢、不具有競爭優勢。\n\      ← 減分條件
```

NEXT

```
12              最後請將所有股票依照評分排序出來。"
13          }, {
14              "role": "user",
15              "content": str(data)
16          }]
17      reply_data = six.get_reply(msg)
18      return reply_data
19
20  print(stock_report_sort(content))
```

🖥 執行結果：

根據提供的年報分析報告，我對這些股票進行了評分，並將它們按照評分大小進行排序。
以下是排序結果：

1. 倫飛 (2364) - 90 分
2. 矽統 (2363) - 85 分
3. 佳龍 (9955) - 80 分
4. 菱生 (2369) - 75 分
5. 宇隆 (2233) - 70 分
6. 旺旺保 (2816) - 65 分
7. 揚智 (3041) - 60 分
8. 科嘉 -KY(5215) - 55 分
9. 倉佑 (1568) - 50 分
10. 達欣工 (2535) - 45 分

這個排序是根據我對每個股票的年報分析報告進行的評估。我考慮了每個公司的財務狀況、
企業形象和風險管理、產品創新和研發等因素。根據這些因素，我給予每個股票一個評分，
並根據評分大小進行排序。

較高評分的股票通常具有良好的財務狀況、注重企業形象和風險管理，並致力於產品創新
和研發。這些因素使這些公司成為具有投資潛力的選擇。較低評分的股票可能在這些方面
有一些不足，需要進一步改善和加強。

然而，投資涉及風險，這個排序僅供參考。投資者應該在做出投資決策之前，進一步研究
和評估每個公司的相關資訊和市場環境。

很幸運地，在 AI 趨勢分析選股和年報分析選股中，「2364」都佔據第一位，且近 6 個月的實際漲幅高達 75%，也是在本書出版前近兩週漲幅最高的股票！

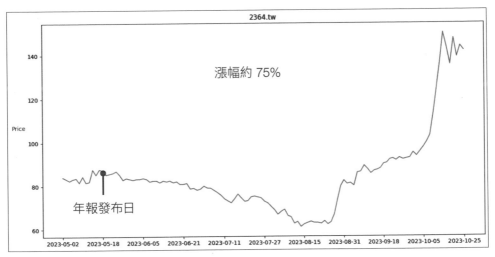

▲ 若從年報發布日開始持有，到 2023-10 月漲幅約 75 %

然而，單就這次的結果來說，也許只是運氣好，無法百分百證實 AI 選股一定能賺大錢。為了讓決策結果更具可靠性，讀者可以自行增加所分析的股票檔數，並進行多次實驗來驗證結果。

要注意的是，在進行實際下單時，應把 AI 選股視為輔助工具，並非唯一的標準答案。我們能夠利用 AI 的分析結果，減少大量自行分析的時間，但最終的決定還是落在自己手中。

MEMO

09

資金管理與投資組合 風險評估

在本章中，我們會先從賭局的下注方法開始介紹，找到長期賭局中下注金額的「最佳解」。然後將此方法用於先前介紹過的單一股票回測及投資組合的建構上。最後讓 AI 來幫助我們評估投資組合的風險。

9.1 資金管理

在第 5 章中，我們介紹過如何進行技術指標回測，幾行程式碼就能得到一系列的回測結果。在先前進行回測時，我們設定下單量為 1 單位，但是，不知道讀者有沒有思考過，固定的下單量真的正確嗎？改變下注金額有沒有辦法增加獲利的幅度或是降低風險？

在本章中，我們會回答這個問題。但為了更好理解，讓我們先從賭局的方式來進行思考吧！請讀者先開啟本章的 Colab 網址：

https://bit.ly/stk_ch09

假設你是一位德州撲克高手，過往的戰績非常不錯。有一位富可敵國的老闆很欣賞你，邀請你進行無上限金額的單挑。你也對這位老闆有些了解，牌藝不精，與他單挑的話，你的勝率約 80%。這場賭局會進行到任何一方輸光全部籌碼為止，無法重新買入，而初始的買入金額則以你為準。若你目前可動用的資金為 1,000 萬元，應該要帶多少錢上桌呢？帶的錢太多，可能就會因為一次不利，輸光所有資產；帶的錢太少，可能就會浪費這一次能夠「釣大魚」的寶貴機會。

📊 單次賭局

我們可以把先前的情境簡化，用期望值的方式來思考該設定多少買入金額：

$$E(資產成長) = 0.8 \times 買入金額 + 0.2 \times (-買入金額)$$

↖ 勝率 p ↖ 虧損機率 $1-p$

若你與這位老闆不熟，不確定之後是否會繼續邀請你，假設他只會邀請你進行「一次」賭局，那要設定多少買入金額呢？我們可以執行第 1 個儲存格來觀察期望獲利：

1

```
1 bet = 1000      # 買入金額
2 win_rate = 0.8  # 勝率
3 wealth = 1000   # 資產
4
5 # 期望獲利
6 gain = 0.8 * bet + (0.2 * -bet)
7 wealth += gain
8 print("這次賭局期望獲利為:",gain)
9 print("期望總資產為:",wealth)
```

🖥 執行結果：

設定買入金額為 1000
這次賭局期望獲利為: 600.0
期望總資產為: 1600.0

設定買入金額為 500
這次賭局期望獲利為: 300.0
期望總資產為: 1300.0

　　可以觀察到，單就期望值的角度來看，如果要讓自己的期望資產最大化，此時你應該「All in」所有可動用的資金，才能讓資產得到最大幅度的增長！降低買入金額只會讓期望獲利與總資產同樣降低。但是，期望值所代表的意義是多次試驗後的「平均」結果，單純用期望值來進行單一賭局的決策是不是有些草率了呢？讓我們執行下一個儲存格來看看隨機結果：

2

```
1 import random
2                 ↙ 下注量  ↙ 勝率  ↙ 資金  ↙ 賠率 (不含本金)
3 def single_bet(bet, win_rate, wealth, odds=1, verbose=True):
4   # 單一賭局獲利
5   if random.uniform(0,1) <= win_rate:
6     gain = bet * odds
7   else:
8     gain = -bet
9   wealth += gain
10
11   if verbose:
```

NEXT

```
12       print("這次賭局的獲利為:", gain)
13       print("總資產為:", wealth)
14
15    return wealth
16
17 single_bet(bet=1000, win_rate=0.8, wealth=1000)
```

🖥 執行結果:

有 80% 的機率翻倍
這次賭局的獲利為: 1000
總資產為: 2000

有 20% 的機率歸零
這次賭局的獲利為: -1000
總資產為: 0

可以發現,上述的結果只會有兩種 (80% 翻倍或是 20% 歸零)。雖然有非常高的機率可以將資產翻倍,但還是有風險會將資產清空歸零,一夕之間就讓辛苦賺的血汗錢蒸發。就結論而言,All in 是「單次賭局」最佳化的結果,可以將期望報酬最大化。如果遇到了一生僅此一次的機會,而且可以獲取鉅額報酬的話,建議你擁抱風險,勇敢嘗試一次。但如果是「重複賭局」的話,就要另當別論了!

📊 **重複賭局**

讓我們換個情境,假設你跟老闆已經有些交情了,他固定每周會開設賭局,此時就可以改以「重複賭局」的角度來思考,這樣的話,全押同樣是最好的做法嗎?請執行下一個儲存格,觀察重複賭局的資產變化:

3

↙ 初始資金　↙ 下注比例
```
1 def simulate_bets(initial_wealth, bet_ratio,
2                    win_rate, num_bets=100, odds=1, verbose=True):
3    wealths = [initial_wealth]        ↖ 賭局次數
4    wealth = initial_wealth
5    for i in range(num_bets):
6      bet = wealth * bet_ratio
```

NEXT

```
7        wealth = single_bet(bet=bet, win_rate=win_rate,
8                             wealth=wealth, odds=odds, verbose=verbose)
9        wealths.append(wealth)
10       # 輸光就跳出迴圈
11       if wealth <= 0:
12           break
13    return wealths
14
15 simulate_bets(initial_wealth=1000, bet_ratio=1 ,win_rate=0.8)
```

🖥 執行結果：

```
這次賭局的獲利為：1000
總資產為：2000
這次賭局的獲利為：2000
總資產為：4000
這次賭局的獲利為：4000
總資產為：8000
這次賭局的獲利為：8000
總資產為：16000
這次賭局的獲利為：16000
總資產為：32000
這次賭局的獲利為：-32000
總資產為：0
```

　　看出來了嗎？如果我們照期望值最大化的方法來進行下注，只要遇到一次的下風，就前功盡棄、血本無歸。那在重複賭局的狀況下，該怎麼下注才能讓最終的資產有最大幅度的增長呢？

📊 比例下注法

　　比例下注法是在進行量化交易的常用方法之一，每次都會拿取目前本金的部分比例進行下注，這種方法可以有效地放大利潤並降低虧損幅度。讓我們設置 10 種下注比例 (10%、20%⋯100%)，並將每種下注比例與資產變化繪製成圖表，就能更明白其中的關係。請執行下一個儲存格：

4

```python
1  import matplotlib.pyplot as plt
2  import pandas as pd
3
4  # 設定變數
5  initial_wealth = 1000
6  bet_ratios = [i/10 for i in range(1, 11)]   # 從 10% 到全押的下注比例
7  num_bets = 100
8  win_rate =0.8
9
10 df = pd.DataFrame()
11 # 模擬各比例下注
12 for bet_ratio in bet_ratios:
13     wealths = simulate_bets(initial_wealth, bet_ratio,
14                             win_rate, num_bets, verbose=False)
15     df[f'Ratio {bet_ratio}'] = pd.Series(wealths)
16
17 final_wealths = df.iloc[-1]
18 max_ratio = final_wealths.idxmax()        # 找到最好的下注比例
19 max_value = final_wealths.max()           # 最高資產
20
21 print(f"最好的下注比例為: {max_ratio}, 最終資產: {max_value}")
22
23 # 繪製圖表
24 ax = df.plot(figsize=(10,6), legend=True,
25              title='Wealth for Different Bet Ratios')
26 ax.set_xlabel('Number of Bets')
27 ax.set_ylabel('Wealth')
28 plt.show()
```

　　在以上程式碼中，我們將初始資金 initial_wealth 設定為 1,000，並建立一個由 10%、20%、…100% 組成的下注比例串列 bet_ratios。每個下注比例都會使用迴圈來進行 100 次的模擬測試，最後將結果繪製成圖表。

🖥 執行結果：

最好的下注比例為：Ratio 0.6，最終資產：939417033109.5339

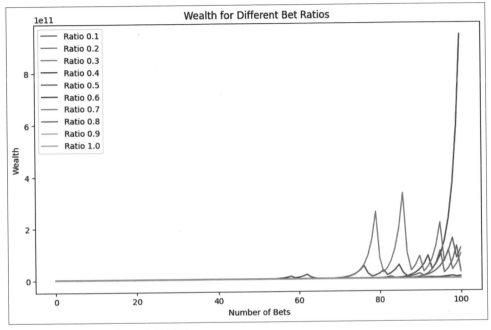

▲ 以圖表來呈現模擬下注的結果

　　讀者可以多次執行這個儲存格來觀察結果，會發現最好的下注比例大約
會落在 0.5～0.8 之間，全押獲勝的次數更是一次也沒有。很奇怪吧，為什
麼依照期望值最高的方法來進行下注，反而無法讓最終資產的成長幅度最
高？這是因為，期望值並未考慮到**變異數 (variance)** 的影響，雖然全押的
期望值最高，但是其變異數也會最高。在上述的模擬賭局中，一次的大波
動就會導致輸光離場；而在實際情況中也是如此，不可能每次都能借到錢
重頭來過。

　　在實際的股市中，勝率與賠率並不是固定的，會隨著市場情況不斷地動
態變化。而使用比例下注法的另一個好處是，在上風期會放大曝險部位、
加速資產的增長幅度；下風期則會縮小曝險部位、減少虧損的速度。

📊 倍倍下注法有用嗎?

逢年過節與親朋好友打牌的時候,很常會看到有人輸了就加倍下注,這種方法稱之為**倍倍下注法**,又稱**倍投法**或**馬丁格爾下注法**。這個方法最一開始會下注 x 元,若獲勝則會同樣再下注 x 元;但如果押錯,為了補平虧損,則會下注雙倍金額 2x 元,又押錯的話,就會再押雙倍 4x 元…。讓我們以先前的重複賭局舉例,初始資金有 1,000 萬,一開始只帶 1 萬元上桌:

- 第 1 局:下注 1 萬輸了,此時虧損 1 萬,資產剩餘 999 萬。

- 第 2 局:下注 2 萬輸了,此時虧損 3 萬,資產剩餘 997 萬。

- 第 3 局:下注 4 萬輸了,此時虧損 7 萬,資產剩餘 993 萬。

- 第 4 局:下注 8 萬贏了,此時盈利 1 萬,資產剩餘 1,001 萬。

- 第 5 局:下注 1 萬贏了,此時盈利 2 萬,資產剩餘 1,002 萬。

- …

這個方式是不是看似很美好?不管是贏是輸,最終都能穩定獲利 1 萬元。但是,這個方法真的可行嗎?讓我們來實際模擬看看績效如何,並與比例下注法做比較,請執行下一個儲存格:

5

```python
def double_bet(initial_wealth, win_rate, num_bets=100, odds=1):
    wealths = [initial_wealth]
    wealth = initial_wealth
    initial_bet = 1
    bet = initial_bet
    for i in range(num_bets):
        if random.uniform(0, 1) <= win_rate:
            # 若贏了, 則下注初始金額
            wealth += bet * odds
            bet = initial_bet
```

NEXT

```
11    else:
12        # 若輸了，則加倍下注金額
13        wealth -= bet
14        bet *= 2
15    wealths.append(wealth)
16
17    # 輸光就跳出迴圈
18    if wealth <= 0:
19        break
20
21  return wealths
22 # 省略模擬及繪圖程式碼
```

🖥 執行結果：

```
下注方法排名:
第1名:Ratio 0.6, 最終資產：939417033109.533
第2名:Ratio 0.4, 最終資產：97548687972.85707
第3名:Ratio 0.5, 最終資產：38866868990.48634
第4名:Ratio 0.7, 最終資產：16788470735.92799
第5名:Ratio 0.3, 最終資產：1933188919.079749
第6名:Ratio 0.2, 最終資產：84056867.39414676
第7名:Ratio 0.1, 最終資產：454690.13163701794
第8名:double_bet, 最終資產：1086.0
第9名:Ratio 0.9, 最終資產：553.0709837851807
第10名:Ratio 0.8, 最終資產：0.001089551339188666
第11名:Ratio 1.0, 最終資產：nan
```

　　經過多次模擬後可以發現，倍倍下注法的最終資產會與**勝率**、**賠率**及**賭局次數**有關。若進行 100 次賭局、80% 勝率、每次下注 1 萬元，最終資產的成長幅度會在 80 萬左右，這個模擬的結果會與固定下注法差不多，還算穩定。但是請注意，這邊設定初始的下注金額為本金的 1 / 1000, 若連輸 10 把，就會把原本的本金輸光，而且在高勝率的情況下，資產的增長幅度遠遠不及比例下注法。這個看似美好的方法，只能賺取微薄利潤，背後還要承擔殺人於無形的隱藏風險，筆者並不建議使用這個方法進行下注。

如果你還是執意要使用這個方法的話，建議將下注額與本金的比例調整到你可以接受的程度（例如，能讓你連輸 10~12 把）。只要輸光了就離場，千萬別繼續留戀。

📊 凱利公式 (Kelly formula)

看起來比例下注法是相對優秀的方法，那要怎麼做才能找到最佳的下注比例呢？我們可以用蒙地卡羅法來模擬成千上萬次不同比例的下注結果，或是直接使用在投資學領域中最著名的資金管理方法－**凱利公式**。

凱利公式是由上個世紀的物理學家**約翰・拉里・凱利**推導得出，並經過嚴謹的數學證明，證實可運用在**固定勝率**及**固定賠率**的賭局中，其公式如下：

$$f = \frac{bp - (1 - p)}{b}$$

其中：

● f 為最佳下注比例

● b 為不含本金的賠率

● p 為勝率

讓我們將先前賭局的賠率及勝率代入到此公式中，請執行下一個儲存格：

6

```
1 def kelly_formula(p,b):    ← 勝率
2     # 最佳下注比例          ← 賠率
3     best_bet = (b * p - (1 - p)) / b
4     # 如果下注比例小於等於 0，則設為 0
5     if best_bet <= 0:
```

NEXT

```
 6       return 0
 7   # 取到小數點後兩位
 8   best_bet = round(best_bet,2)
 9   return best_bet
10
11 kelly_formula(p=0.8,b=1)
12
13 best_bet = kelly_formula(p=0.8, b=1)
14 print("最佳下注比例為:", best_bet)
```

🖥 執行結果：

最佳下注比例為: 0.6

　　經由這個公式，我們可以推算出先前賭局的最佳下注比例為 0.6，代表在**固定勝率**及**賠率**的狀況下，每次下注所有資產的 60%，能夠讓長期的總資產最大化。若我們將第 4 個儲存格的模擬次數設為一個接近無窮大的數字，所得到的結果就會逼近凱利公式得出的最佳下注比例。

📊 將凱利公式運用在股票回測中

　　那要如何將凱利公式運用在股票投資中呢？讓我們回到第 5 章的內容，先建立一個技術指標的穿越策略並取得回測結果。然後依照回測結果來取得**勝率**並計算出**賠率**，最後重新將最佳的下注比例用於策略之中。

　　請**先執行第 7 個儲存格**來安裝套件，並**執行第 8 個儲存格**來取得穿越策略的回測結果。因為在 5 章已經介紹過了，為節省篇幅，這邊就不列出這兩個儲存格的程式碼了。

　　接下來，為了得到凱利公式所需的賠率，我們需要先計算出**獲利及虧損時的平均報酬**，然後將兩者相除，來推估此策略的賠率。請執行下一個儲存格：

```
 1 # 先計算出獲利及虧損時的平均報酬
 2 def trades_returns(returns):
 3     profits = returns[returns > 0].tolist()
 4     losses = returns[returns < 0].tolist()
 5
 6     # 確保分母不為零
 7     avg_profit = sum(profits) / len(profits) if profits else 0
 8     avg_loss = sum(losses) / len(losses) if losses else 0
 9
10     return avg_profit, avg_loss
11
12 avg_profit, avg_loss = trades_returns(stats['_trades']['ReturnPct'])
13 print(f"獲利時的平均報酬:{avg_profit*100:.2f}%")
14 print(f"虧損時的平均報酬:{avg_loss*100:.2f}%")
15 print("------------------------")
16
17 # 用平均獲利除以平均虧損來推估賠率
18 b = -avg_profit/avg_loss
19 p = stats['Win Rate [%]']/100    ← 直接從回測績效中取得勝率
20 print(f"賠率為:{b:.2f}")
21 print(f"勝率為:{p*100:.2f}%")
22 print("------------------------")
23
24 # 代入凱利公式
25 best_bet = kelly_formula(p=p, b=b)
26 print("最佳下注比例為:", best_bet)
```

找出報酬率大於 0 的值 ↙

找出報酬率小於 0 的值 ↖

由於 backtesting 套件只計算了「平均報酬」，並沒有計算在「獲利」與「虧損」情況下的報酬。所以在以上程式碼中，我們定義了一個 trades_returns() 函式來分別計算獲利及虧損時的報酬率。接著將兩種情況下的報酬率相除，加上負號即可得到賠率；勝率則可以直接透過 backtesting 的回測績效表得到。

🖥 執行結果：

```
獲利時的平均報酬:8.35%
虧損時的平均報酬:-3.02%
-------------------------
賠率為:2.77
勝率為:48.44%
-------------------------
最佳下注比例為: 0.3
```

▲ 有了勝率和賠率後, 就能代入到凱利公式中, 得到最佳下注比例

讓我們將最佳的下注比例套用到先前的策略中, 請執行下一個儲存格：

10

```
1  # 定義回測策略
2  class CrossStrategy(Strategy):
3    kelly_ratio = 0.3   # 凱利公式的下注比率
4
5    def init(self):
6      super().init()
7
8    def next(self):
9                    ↙ 持有資金      ↙ 最佳下注比例      ↙ 收盤價
10     size = (self.equity * self.kelly_ratio) / self.data.Close[-1]
11     size = max(round(size), 1) # 確保交易股數為整數
12
13     if crossover(self.data.ma1, self.data.ma2):
14         self.buy(size=size)
15     elif crossover(self.data.ma2, self.data.ma1):
16         self.sell(size=size)
17  # 省略以下程式碼
```

這個策略的邏輯跟第 8 個儲存格完全一樣, 都是使用移動平均線的穿越策略作為買賣訊號。唯一不同的是, 在這邊我們將交易的部位數量調整為凱利公式的最佳下注比例。具體來說, 我們將**持有資金**乘以**下注比例**並除以**收盤價**, 進而計算出下單時的數量 "size"。

🖥 執行結果：

	未使用凱利公式	使用凱利公式
Start	2018/10/5	2018/10/5
End	2023/10/5	2023/10/5
Duration	1826 days	1826 days
Exposure Time [%]	75.97	99.09
Equity Final [$]	100559.77	165868.60
Equity Peak [$]	100650.26	172009.79
Return [%]　　←總報酬率	0.56	65.87
Buy & Hold Return [%]	111.20	111.20
Return (Ann.) [%] ←年化報酬率	0.12	11.07
Volatility (Ann.) [%]	0.14	11.18
Sharpe Ratio	0.85	0.99
Sortino Ratio	1.32	1.83
Calmar Ratio	0.49	0.78
Max. Drawdown [%]	-0.23	-14.13
Avg. Drawdown [%]	-0.04	-2.74
Max. Drawdown Duration	617 days	722 days
Avg. Drawdown Duration	57 days	68 days
# Trades	64.00	126.00
Win Rate [%]	48.44	48.41
Best Trade [%]	44.83	49.06

NEXT

	未使用凱利公式	使用凱利公式
Worst Trade [%]	-13.45	-13.80
Avg. Trade [%]	2.11	3.03
Max. Trade Duration	80 days	106 days
Avg. Trade Duration	27 days	30 days
Profit Factor	2.60	3.22
Expectancy [%]	2.49	3.57
SQN	1.94	2.72

▲ 只是更改下注比例而已,整體的報酬率就從 0.56% 提升到 65.87% (上頁加網底處)!

　　從上表可以發現,原本報酬率很差的穿越策略,經過凱利公式的調整後,年化報酬率整整提升 100 倍!但別忘了,上述的「最佳下注比例」是由歷史資料計算得出。在實際市場中,股票並不會有**固定的勝率**以及**賠率**,而是會隨著市場或公司狀況不斷地變化,單靠歷史資料很難保證在未來同樣有效。除此之外,若是回測的績效為負值,也無法透過凱利公式來計算下注比例。

TiP

注意!自己在進行回測時,建議將歷史資料分為兩段。先利用前段作為訓練資料來計算出凱利公式的最佳比例,然後將後段作為驗證資料來檢驗。此範例為一錯誤示範,有可能落入**前視偏誤**的陷阱,後續我們會介紹如何進行資料分段。

　　總而言之,當我們運用凱利公式時,應該將它視為輔助投資的工具,幫助我們做出資金配置的決策參考,而不是完全依賴它。

9.2 投資組合資金分配與風險管理

　　在上一節中，我們使用凱利公式來找到單一股票回測時的最佳下注比例。但如果要建構投資組合呢？也能夠使用凱利公式嗎？當然可以！在本節中，我們會從單一資產的資金配置推進到投資組合中，找到每種資產的最佳配置比例，並探討如何評估投資組合的風險。

📊 將凱利公式運用到投資組合配置

　　在這一個小節中，我們會先建立一個投資組合，然後由歷史股價資料來計算出每一檔股票的**每月平均獲利**或**損失**，以此來計算出勝率及賠率，最後將凱利公式的下注比例作為每檔股票的資金分配比例。讓我們開始吧！請先執行**第 11 個**及**第 12 個**儲存格來下載旗標資料庫（在此就不放上程式碼了）。接著，請執行第 13 個儲存格來設定投資組合：

13

```
 1  # 以 10 檔股票為例
 2  stock_list = [1101, 1203, 1216, 1402, 1722,   ← 設定投資組合的股票清單
 3                1762, 2330, 2608, 2884, 6405]
 4
 5  condition = f"股號 IN ({','.join(map(str, stock_list))})"
 6
 7  # 從資料庫取出資料
 8  stock_db = StockDB()                           ← 依股票清單取出資料
 9  df = stock_db.get(table="日頻", where=condition)
10  df = df.dropna()
11  df.head()
```

　　在以上程式碼中，我們隨機選出 10 檔股票來建立投資組合，讀者可以將股票清單 stock_list 中的股號替換成自己的投資組合。然後將 stck_list 作為 SQL 語法的搜尋條件，從資料庫中取出資料。

在進行單一股票回測時，我們是先計算出「特定策略」的勝率及賠率，才能推估最佳的下注比例。但如果是建構長期的投資組合呢？沒有特定策略如何算出每檔股票的下注比例呢？我們可以分別找出各檔股票**獲利及虧損的月份**，並計算出兩種情況下的平均報酬，進而推估勝率及賠率。這邊的勝率是用**獲利月數 / 總月數**來計算；而賠率則是用**獲利月份的平均報酬 / 虧損月份的平均報酬**來計算。請執行下一個儲存格：

14

```
1  # 設定日期為索引
2  df.set_index('日期', inplace=True)
3  df = df[df.index > '2017-01-01']
4
5  # 訓練資料與測試資料
6  start = "2021-01-01"
7  end = "2023-10-10"
8  train_df = df[df.index <= start]
9  test_df = df[(df.index > start) & (df.index <= end)]
10
11 # 取出每月最後一個交易日的收盤價
12 monthly_closing = train_df.groupby('股號')\
13                           .resample('M')['收盤價'].last()
14
15 # 計算每月的漲幅或跌幅
16 monthly_return = monthly_closing.groupby(level=0)\
17                           .pct_change().fillna(0)
18
19 print(monthly_return)
```

程式碼詳解：

● 第 3 行：取出 2017-01-01 之後的資料。

● 第 6~9 行：將資料分為**訓練資料** (2017-01-01~2021-01-01) 及**測試資料** (2021-01-02~2023-10-10)。訓練資料是用來計算每檔股票的下注比例；而測試資料則是用來檢驗下注比例的效果。若訓練資料太長，可能無法反應近期趨勢；訓練資料太短，效果則會有所偏頗。建議至少使用 30 筆以上的資料來訓練。

TIP

依據你買賣股票的頻率，可以用不同的資料頻率來推估每檔股票的資金分配比率。舉例來說，如果你是偏好長期持有的投資人，買賣股票的頻率較低，可以使用季頻或月頻來計算下注比例；若較偏好短期投資，買賣股票的頻率較高，則建議使用週頻或日頻來計算下注比例。

● 第 10 行：groupby() 函式是對 Dataframe 資料依照特定欄位進行分群操作。目的是分別獲取各檔股票每個月的最後收盤價。

● 第 14 行：計算每檔股票的月報酬。

🖥 執行結果：

股號	日期	報酬率
1101	2017-01-31	0.000000
	2017-02-28	0.063559
	2017-03-31	-0.035857
	2017-04-30	-0.033058
	2017-05-31	-0.019943
	...	← 先計算出每檔股票的每月報酬率
6405	2020-08-31	-0.044855
	2020-09-30	0.038674
	2020-10-31	-0.061170
	2020-11-30	0.084986
	2020-12-31	0.120105

有了每月的報酬率後，就能計算出凱利公式所需的勝率及賠率了。請執行下一個儲存格：

```
 1 results = []
 2
 3 # 計算每檔股票的最佳下注比例
 4 for stock in stock_list:
 5     str_stock = str(stock)
 6     avg_profit, avg_loss = trades_returns(monthly_return[str_stock])
 7     b = -avg_profit/avg_loss                          # 賠率
 8     p = len(monthly_return[str_stock][monthly_return[str_stock] > 0]
 9         ) / len(monthly_return[str_stock])            # 勝率
10     best_bet = kelly_formula(p=p, b=b)                # 下注比例
11
12     results.append([stock, avg_profit, avg_loss, p, b, best_bet])
13
14 # 合併為 DataFrame
15 df_results = pd.DataFrame(results,
16                 columns=['股號', '平均漲幅', '平均跌幅',
17                          '勝率', '賠率', '下注比例'])
18
19 total_bet = df_results['下注比例'].sum()
20 df_results['資金分配'] = df_results['下注比例'] / total_bet
21
22 df_results
```

程式碼詳解：

● 第 4~12 行：使用迴圈來分別計算每檔股票在獲利及虧損時的報酬、
   勝率、賠率及下注比例。

● 第 6 行：將每月的報酬率代入到第 9 個儲存格的 trades_returns() 函式，
   來計算獲利及虧損時的平均報酬。

● 第 10 行：將勝率及賠率代入先前建立的凱利公式中。

● 第 19~20 行：將各檔股票的下注比例除以所有下注比例的總和 (100%)，
   作為資金分配的權重（也就是將下注比例進行調整）。

	股號	平均漲幅	平均跌幅	勝率	賠率	下注比例	資金分配
0	1101	0.042147	-0.033390	0.562500	1.262293	0.22	0.111111
1	1203	0.024024	-0.014281	0.625000	1.682224	0.40	0.202020
2	1216	0.040596	-0.033364	0.520833	1.216760	0.13	0.065657
3	1402	0.044509	-0.049732	0.562500	0.894973	0.07	0.035354
4	1722	0.037341	-0.038913	0.583333	0.959612	0.15	0.075758
5	1762	0.099330	-0.060044	0.520833	1.654290	0.23	0.116162
6	2330	0.067950	-0.047247	0.583333	1.438197	0.29	0.146465
7	2608	0.033360	-0.032416	0.500000	1.029125	0.01	0.005051
8	2884	0.036476	-0.043529	0.708333	0.837968	0.36	0.181818
9	6405	0.096346	-0.060858	0.458333	1.583135	0.12	0.060606

將下注比例作為權重，以此
來決定各檔股票的資金分配

Tip

在這邊，我們使用凱利公式來取得投資組合的權重。另一種取得各股票權重的方式是
使用平均數－變異數分析，在限制總風險的情況下，求解各股票的權重。

　　還記得我們先前將資料分為訓練資料 train_df 和測試資料 test_df 嗎？接
下來的程式就是用來檢驗這種資金分配的策略是否有效。讀者可執行下一
個儲存格來與「平均資金分配策略」來進行比較：

16

```
1 # 計算測試資料的每月漲幅或跌幅
2 monthly_closing_test = test_df.groupby('股號')\
3                 .resample('M')['收盤價'].last()
4 monthly_return_test = monthly_closing_test.groupby(level=0)\
```

NEXT

```
 5                                    .pct_change().fillna(0)
 6  first_price = monthly_closing_test.groupby('股號').first()
 7  last_price = monthly_closing_test.groupby('股號').last()
 8
 9  # 計算單純買入持有報酬率
10  returns = (last_price /first_price)
11  df_results['股號'] = df_results['股號'].astype(str)
12  df_results_test = df_results.merge(
13      returns.rename('報酬率'), left_on='股號', right_index=True)
14  display(df_results_test)
15
16  # 設定初始資金
17  initial_capital = 100000
18
19  # 平均分配策略的結果
20  avg = initial_capital / len(stock_list)
21  avg_strategy = sum(df_results_test['報酬率'] * avg)
22
23  # 使用下注比例的策略結果
24  bet_strategy = sum(df_results_test['報酬率'] *(
25      df_results_test['資金分配'] * initial_capital))
26
27  print(f"平均分配策略的最終資金: {avg_strategy}")
28  print(f"下注比例策略的最終資金: {bet_strategy}")
```

在以上程式中，我們簡單計算了測試資料中每檔股票的「買進持有報酬」（用第一天與最後一天的收盤價來計算）。並設定初始資金套用至兩種策略來進行回測，藉此比較「平均分配策略」與「下注比例策略」的結果，判斷套用凱利公式的資金分配是否會有較佳的績效。

🖥 執行結果：

	股號	平均漲幅	平均跌幅	勝率	賠率	下注比例	資金分配	報酬率
0	1101	0.042147	-0.033390	0.562500	1.262293	0.22	0.111111	0.898572
1	1203	0.024024	-0.014281	0.625000	1.682224	0.40	0.202020	1.166667
2	1216	0.040596	-0.033364	0.520833	1.216760	0.13	0.065657	1.010294
3	1402	0.044509	-0.049732	0.562500	0.894973	0.07	0.035354	1.098077
4	1722	0.037341	-0.038913	0.583333	0.959612	0.15	0.075758	1.208748
5	1762	0.099330	-0.060044	0.520833	1.654290	0.23	0.116162	1.099251
6	2330	0.067950	-0.047247	0.583333	1.438197	0.29	0.146465	0.900169
7	2608	0.033360	-0.032416	0.500000	1.029125	0.01	0.005051	0.899149
8	2884	0.036476	-0.043529	0.708333	0.837968	0.36	0.181818	1.215912
9	6405	0.096346	-0.060858	0.458333	1.583135	0.12	0.060606	1.284289

平均分配策略的最終資金：107811.2775886113
下注比例策略的最終資金：109524.21874729404

▲ 使用下注比例策略通常會有較佳的績效

　　到這邊，我們就學會使用凱利公式來決定各檔股票的資金分配比率了！但如同先前所述，股市並沒有一個固定的勝率及賠率，而是會隨著情況不斷地調整。若在訓練期間中，某檔股票的績效不好但卻在測試期間衝高的話，可能導致凱利公式做出錯誤的資金分配決策。建議讀者若套用此方法在實際股市中時，**可以每月檢視一次投資組合，使用滾動的方式來重新計算勝率、賠率以及每檔股票的資金分配比率，藉此來執行動態調整。**

　　另一個檢驗投資組合績效的好方法就是與「大盤績效」進行比較，並觀察是否能夠獲得超額報酬。大盤指數不僅反應整體市場的趨勢，也能夠作為投資人參考的重要標竿。若想打敗大盤，意味著投資組合中的股票需具有「順勢而為、逆市而行」的能力，在市場上升階段時能夠漲得更多、發揮增值潛力；市場下跌階段時能夠跌得更少、守住陣地。而持續打敗大盤也是所有投資人或基金經理人夢寐以求的目標。讓我們繪製出投資組合與大盤的績效圖，請執行下一個儲存格：

```python
1  # 投資組合每月報酬
2  returns_df = pd.concat([monthly_return_test[str(stock)]
3                          for stock in stock_list], axis=1)
4  returns_df.columns = stock_list
5  weights = df_results['資金分配'].values
6  returns_df['投組報酬'] = returns_df[stock_list].dot(weights)
7
8  # 計算大盤報酬
9  market_index = yf.download("^TWII",start=start,end=end)
10 market_closing = market_index.resample('M')['Close'].last()
11 market_return = market_closing.pct_change().fillna(0)
12 returns_df['大盤報酬'] = market_return
13
14 # 累積報酬
15 returns_df['投組累積報酬'] = (1 + returns_df['投資組合報酬']
16                          ).cumprod() - 1
17 returns_df['大盤累積報酬'] = (1 + returns_df['大盤報酬']
18                          ).cumprod() - 1
19
20 # 繪製大盤與投資組合績效
21 returns_df = returns_df.drop(returns_df.index[0])
22 fig, (ax1,ax2) = plt.subplots(1,2, figsize=(15, 4))
23
24 ax1.plot(returns_df['大盤報酬'], label="market")
25 ax1.plot(returns_df['投組報酬'], label="portfolio")
26 ax1.set_title("Monthly Returns: Portfolio vs Market")
27 ax1.legend()
28
29 ax2.plot(returns_df['大盤累積報酬'], label="market")
30 ax2.plot(returns_df['投組累積報酬'], label="portfolio")
31 ax2.set_title("Cumulative Returns: Portfolio vs Market")
32 ax2.legend()
33
34 plt.show()
```

程式碼詳解：

● 第 2 行：將每檔股票的報酬整合成一個 Dataframe。

● 第 6 行：使用 dot() 方法進行矩陣運算。將每檔股票的月報酬分別乘以權重，取得投資組合的每月報酬率。

● 第 15~18 行：計算投資組合與大盤指數的累積報酬。其中，cumprod() 方法是用於計算累積乘積。

● 第 21~34 行：繪製兩張子圖，一張顯示每月的報酬率；另一張則顯示累積報酬率。

🖥 執行結果：

▲ 月報酬圖

▲ 累積報酬圖

　　透過視覺化的方式，可以方便我們觀察投資組合與大盤績效的差異。就結果可以發現，這次隨機選的 10 檔股票很幸運地在測試期間贏過大盤，讀者可以自行替換投資組合中的股票跑跑看回測結果。

📊 投資組合風險指標

　　投資組合的績效好，有可能僅僅是因為與大盤的相關程度高（Beta 係數高）。只要搭上大盤的順風車，很容易就能獲得超越大盤的績效；但在大盤下跌時，很有可能原型畢露，跌到血本無歸。所以，除了追求打敗大盤績效以外，若要讓投資組合更加穩健，對於風險方面的分析是必不可少的。接下來，我們會介紹幾種在評估投資組合風險時常用的指標：

投資組合標準差 (σ)

標準差是最常用來衡量投資組合風險的指標。代表報酬的波動程度，也可以想像成偏離平均報酬的程度。要計算投資組合標準差，除了要加權計算各檔股票的標準差之外，還需考慮到每一檔股票之間的相關性，其公式如下：

$$\sigma_p^2 = \sum_{i=1}^{n} w_i^2 \sigma_i^2 + \sum_{i=1}^{n} \sum_{j=1,i \neq j}^{n} w_i w_j p_{ij} \sigma_i \sigma_j$$

其中：

- σ_p^2 為投資組合的變異數，σ_p 即為投資組合標準差。

- σ_i^2 為第 i 檔股票的變異數。

- w_i，w_j 為第 i 及 j 檔股票的權重。

- p_{ij} 為第 i 及 j 檔股票的相關係數。

就公式來說，看起來略為複雜，讓我們直接以程式來計算吧！請執行下一個儲存格：

18

```
1 #計算共變異數矩陣
2 stk_returns_df = returns_df.iloc[:, :-4]
3 cov_matrix = stk_returns_df.cov()
4 display(cov_matrix)
5
6 #計算投資組合的報酬與標準差
7 portfolio_return = np.dot(weights, stk_returns_df.mean().values)
8 portfolio_std = np.sqrt(np.dot(weights.T, np.dot(
9     cov_matrix.values, weights)))
```

NEXT

```
10
11 # 轉換成年化
12 annualized_portfolio_return = (1 + portfolio_return)**12 - 1
13 annualized_portfolio_std = portfolio_std * (12**0.5)
14 annualized_market_return = (1 + market_return.mean())**12 - 1
15 annualized_market_std = market_return.std() * (12**0.5)
16
17 print(f"投資組合的年化報酬率:{annualized_portfolio_return*100:.2f}%")
18 print(f"投資組合的年化標準差:{annualized_portfolio_std*100:.2f}%")
19
20 print(f"大盤指數的年化報酬率:{annualized_market_return*100:.2f}%")
21 print(f"大盤指數的年化標準差:{annualized_market_std*100:.2f}%")
```

程式碼詳解:

● 第 2~3 行:取出僅有股票的報酬率資料。接著使用 cov() 方法來計算出共變異數矩陣。

● 第 7 行:將各檔股票的報酬平均,再乘以權重,取得投資組合的月平均報酬。

● 第 8 行:使用矩陣運算的方式,可將先前的標準差公式改寫為:

$$\sigma_p = \sqrt{W^T \cdot \Sigma \cdot W}$$

● 其中,Σ 為共變異數矩陣、W 為權重向量、W^T 為權重向量的轉置。所以在程式碼中,我們先計算 cov_matrix 與 weights 的乘積,然後再與 weights.T 相乘,最後開根號,即可得到投資組合的標準差。

● 第 12~13 行:由於先前所計算出的報酬率與標準差為月頻數據,為了方便比較,將其轉換成「年化」報酬與標準差。若考慮到複利的影響,年化報酬的計算方式是將月報酬加 1(加入本金),乘以 12 次方後減 1(剔除本金)。另外,在連續期數的狀況下,標準差會隨著期數的平方根增長,所以將月標準差乘以 $\sqrt{12}$ 即可得到年標準差。

● 第 14~15 行:計算大盤的年化報酬與標準差,方便比較績效差異。

💻 執行結果：

	1101	1203	1216	1402	1722	1762	2330	2608	2884	6405
1101	0.004561	0.000414	0.000602	0.001047	0.002989	0.002175	0.002499	0.001317	0.001795	0.001320
1203	0.000414	0.001502	0.000350	0.000535	0.000050	0.000820	0.001437	0.000246	0.000288	-0.000281
1216	0.000602	0.000350	0.001127	0.000170	0.000113	0.001444	0.000276	-0.000052	0.000293	-0.000408
1402	0.001047	0.000535	0.000170	0.002178	0.000612	0.001772	0.000339	0.000033	0.000619	0.002654
1722	0.002989	0.000050	0.000113	0.000612	0.004117	0.001316	0.001476	-0.000731	0.001803	0.002414
1762	0.002175	0.000820	0.001444	0.001772	0.001316	0.014119	0.002504	0.000869	0.001708	0.002995
2330	0.002499	0.001437	0.000276	0.000339	0.001476	0.002504	0.006524	0.001485	0.001875	0.001049
2608	0.001317	0.000246	-0.000052	0.000033	-0.000731	0.000869	0.001485	0.011438	-0.000281	0.003025
2884	0.001795	0.000288	0.000293	0.000619	0.001803	0.001708	0.001875	-0.000281	0.002324	0.001105
6405	0.001320	-0.000281	-0.000408	0.002654	0.002414	0.002995	0.001049	0.003025	0.001105	0.023437

▲ 共變異數矩陣

投資組合的年化報酬率:6.42%
投資組合的年化標準差:14.12%
大盤指數的年化報酬率:4.70%
大盤指數的年化標準差:17.68%

▲ 與大盤進行比較，可看出投資組合的相對績效

　　人人都喜歡穩定的高報酬，若要評判一個投資組合是否足夠穩健，除了判斷年化報酬率之外，同時還要檢視年化標準差（風險）是否過大。我們可以把投資組合的年化報酬與標準差拿來與大盤比較，理想的情況是其年化報酬能超越大盤，同時其年化標準差（風險）應小於大盤。

風險值 (Value at Risk, VaR)

　　風險值也是一種常用的風險指標，是用來估算在**特定期間**及**特定的信心水準**下，投資組合會造成的最大可能損失。舉例來說，若設定信心水準為95%，並計算出每月的風險值為 -10%。代表在 95 % 的狀況下，資產的最大可能損失為 10%。其計算公式如下：

$$VaR = R_p - z \times \sigma_p$$

其中：

● R_p 為投資組合的報酬；σ_p 為投資組合的標準差。

● 在 VaR 的計算中，假設投資組合的報酬呈現常態分佈。而 z 即為在特定信心水準下的 z 值。

請執行下一個儲存格來計算風險值：

19

```
1  confidence_level = 0.95
2
3  #月頻 VaR
4  VaR = portfolio_return - portfolio_std * norm.ppf(confidence_level)
5  #年頻 VaR
6  VaR_annualized = VaR * (12**0.5)
7
8  print(f"在 {confidence_level*100:.0f}% 的信心水準下,\
9    下個月的最大可能損失為: {VaR*100:.2f}%")
10 print(f"在 {confidence_level*100:.0f}% 的信心水準下,\
11   明年最大可能損失為: {VaR_annualized*100:.2f}%")
```

由於我們在先前的儲存格已經計算出了投資組合報酬與標準差，因此風險值的計算相當簡單，但須注意使用哪種頻率的資料來計算風險值。若是使用月頻資料來計算風險值，此時代表的意義為「在一個月內」的最大可能損失。而要進行頻率轉換時，比較穩健的作法是直接將風險值乘以期數的平方根。

🖥 執行結果：

在 95% 的信心水準下，下個月的最大可能損失為：-6.19%
在 95% 的信心水準下，明年最大可能損失為：-21.43%

　　風險值可以幫助投資人做好最壞的打算，了解可能面臨到的最大風險。若你是比較保守的投資人，可以設定較高的信心水準（如 99%)，並衡量所計算出的風險值是否超出自己的風險容忍程度，減少高風險股票的權重。

Beta 係數 (β)

　　我們在第 1 章中有簡單介紹過 Beta 係數了。簡單來說，Beta 係數就是用來衡量投資組合與整體市場間的相關性或波動程度，也是迴歸模型中的斜率項。若 Beta 值大於 1, 代表大盤上漲 10%, 投資組合上漲的幅度會超過 10%；若 Beta 值小於 1, 代表大盤上漲 10%, 投資組合上漲的幅度會小於 10%。其計算公式如下：

$$\beta_p = \frac{\text{Cov}\left(R_p, R_M\right)}{\sigma_M^2}$$

　　其中：

● R_p 為投資組合的報酬；R_M 為大盤的報酬。

● $\text{Cov}\left(R_p, R_M\right)$ 為報酬間的共變異數。

● σ_M^2 為大盤的變異數。

　　讓我們執行下一個儲存格來計算 Beta 係數：

20

```
1  # 計算 β 係數
2  portfolio_market_cov = returns_df[['投組報酬', '大盤報酬']].cov()\
3                                                  .iloc[0, 1]
4  market_var = returns_df['大盤報酬'].var()
5  portfolio_beta = portfolio_market_cov / market_var
6
```

NEXT

```
7  print(f"投組與大盤的共變異數為: {portfolio_market_cov:.5f},\
8        大盤變異數為: {market_var:.5f}")
9  print(f"投資組合的β係數: {portfolio_beta:.2f}")
```

我們先使用 cov() 方法來計算出投組報酬與大盤報酬之間的共變異數矩陣，然後使用 iloc[0, 1] 來取出共變異數，最後除以大盤變異數即可得到 Beta 係數。

💻 執行結果：

投組與大盤的共變異數為：0.00177,　　　大盤變異數為：0.00269
投資組合的β係數：0.66

Beta 係數可以幫助我們了解整體投資組合的波動性。在這個範例中，計算出來的 Beta 係數為 0.66，代表當大盤報酬上漲 10%，投資組合的報酬會上漲 6.6%；在下跌時也是相同概念。投資人可以依照自己的風險承受程度，來選擇要建構高槓桿 (Beta > 1) 或是低槓桿 (Beta < 1) 的投資組合。

但要注意的是，Beta 係數是用來衡量與大盤之間的「線性關係」，無法看出兩者是否呈現「非線性關係」。換句話說，單看 Beta 係數，並無法知道投資組合是否具有「漲多跌少」或「漲少跌多」的特性。若想了解之間的非線性關係，可以使用分段迴歸模型或其他更複雜的非線性方法來檢測。

夏普比率 (Sharpe Ratio)

夏普比率是一個能夠同時衡量報酬與風險的指標，代表投資組合在承擔一單位風險的狀況下，所能獲得的風險溢酬。其公式如下：

$$\text{Sharpe Ratio} = \frac{R_p - R_f}{\sigma_p}$$

其中：

● R_f 代表無風險利率。

● $R_p - R_f$ 為風險溢酬，也就是多承擔風險的狀況下，額外獲得的報酬。

● σ_p 為投資組合的標準差。

請執行下一個儲存格來計算夏普比率：

21

```
1  # 設定無風險利率
2  risk_free_rate = 0.015/12   # 轉換成月頻（算術平均）
3
4  average_return = returns_df['投組報酬'].mean()
5  portfolio_std = returns_df['投組報酬'].std()
6
7  sharpe_ratio = (average_return - risk_free_rate) / portfolio_std
8  sharpe_ratio_annualized = sharpe_ratio * (12**0.5)      ← 年化轉換
9
10 print(f"投資組合的夏普比率: {sharpe_ratio:.2f}")
11 print(f"年化的夏普比率: {sharpe_ratio_annualized:.2f}")
```

為了計算出夏普比率，我們需要設定一個無風險利率。無風險利率通常**由一年期定存或國庫券利率**來推算。這裡將年利率設定為 1.5%，並用簡單算數平均的方式，轉換成月利率，以符合我們的資料頻率。接著，就能將投組報酬的平均數與標準差代入公式來計算夏普比率。另外，為了方便比較投資組合間的差異，通常會將夏普比率進行年化（乘以期數的平方根）。

🖥 執行結果：

```
投資組合的夏普比率：0.10
年化的夏普比率：0.34
```

夏普比率是一個相對指標，用來比較不同投資組合的風險調整後績效，並沒有一個絕對的基準。但通常來說，夏普比率大於 1，代表每 1% 風險會帶來超過 1% 的額外報酬，投資組合的性價比較高；小於 1 則代表每 1% 風險會帶來低於 1% 的額外報酬，投資組合的性價比較低。這個值可能會因整體的市場情況改變，不同時期的投資人會對風險有不同的接受程度

（例如，熊市的投資人可能會越趨保守）。在挑選投資組合時，建議選擇同時期夏普比率「相對較高」的組合。

9.3 讓 AI 來給出投資組合建議

買了股票但不知道怎麼分配資金比較好嗎？雖然先前介紹過許多傳統的方法，但有沒有更簡單、更快速的方式來評估投資組合呢？我們可以讓 AI 化身為你的專屬投資組合顧問，深入分析每檔股票的績效。讓你能夠依據專家的建議，協助進行資金分配的決策！

📊 複製 Replit 專案：投組分析機器人

在這一節中，我們會建構一個簡單的 Dash 應用程式，讓使用者能夠輸入自己的投資組合與資金分配狀況，並讓 AI 自動評估風險並給出投資組合建議。

請讀者依據以下步驟來執行 Replit 專案：

① 開啟專案網址：

https://replit.com/@flagtech/stkportfolio

② 將專案 Fork 到自己的帳戶中，並輸入金鑰：

▲ 請依據 4-38 頁的詳細步驟，複製專案並輸入金鑰

③ 點擊 ▶ Run 執行專案：

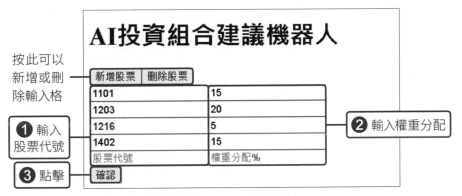

按此可以
新增或刪
除輸入格

① 輸入
股票代號

③ 點擊

② 輸入權重分配

▲ 應用程式會出現在 Webview 的頁面上

　　讀者可以將自己目前的投資組合的**股票代號**與**資金分配的權重**，輸入至欄位中並點擊確認。這個程式就會自動計算出股票的績效指標，然後呈現在下方表格中：

股號	股名	產業別	年化報酬%	標準差%	勝率	賠率	營收成長率	EPS成長率	資金分配%
1101	台泥	水泥工業	7.42	22.05	0.46	1.04	-0.05	-0.556	15
1203	味王	食品工業	30.83	17.69	0.54	1.18	-0.065	-0.132	20
1216	統一	食品工業	5.41	10.46	0.46	1.41	-0.044	-0.193	5
1402	遠東新	紡織纖維	-9.03	14.49	0.54	1.01	-0.028	-0.356	15
1722	台肥	化學工業	18	16	0.59	0.84	-0.431	-0.804	5
2330	台積電	半導體業	46.86	34.86	0.49	1.37	0.058	0.138	20
2608	嘉里大榮	航運業	7.78	13.54	0.54	0.88	-0.005	-0.689	10
2884	玉山金	金融保險業	10.04	11.05	0.65	0.63	0.022	0.436	10

▲ 程式會自動回傳股票的相關數據

　　也會一併回傳 AI 進行分析的結果：

　　根據目前的資金分配狀況，我們可以觀察到以下幾點：1. 水泥工業（台泥）的資金分配為 **15%**，年化報酬為 **7.42%**，標準差為 **22.05%**。儘管年化報酬相對較低，但標準差過高，表示該投資具有較高的風險。　2. 食品工業中，味王的資金分配為 **20%**，年化報酬為 **30.83%**，標準差為 **17.69%**；統一的資金分配為 **5%**，年化報酬為 **5.41%**，標準差為 **10.46%**。兩者的勝率都表現不錯… 基於上述分析，我們可以對投資組合的資金分配進行以下建議:**1.** 減少水泥工業（台泥）和紡織纖維業（遠東新）的資金分配，原本分配給這兩個

NEXT

產業的資金可以重新分配給其他表現較好的產業。 2. 增加食品工業中統一的資金分配，由於統一的年化報酬相對穩定，風險相對較低，可以考慮增加其資金分配比例。 3. 增加半導體業（台積電）的資金分配，由於其年化報酬相對較高，且勝率和賠率也表現良好，可以考慮增加其資金分配比例。 4. 維持航運業（嘉里大榮）和金融保險業（玉山金）的資金分配在目前的比例，由於其風險相對較低，適合作為組合中的穩定投資。 最後，根據投資組合的投資目標和風險承受能力，需要進一步考慮客戶個人的情況和需求，進一步調整資金分配的配置策略。

▲ AI 會根據各股票的報酬與風險給出投資組合建議

這個程式會抓取即時的股票、產業資料，並計算近期的報酬與標準差、過去 3 年每月的勝率及賠率、營收與 EPS 成長率。AI 會依據以上資料，給予投資組合的分析報告。這樣一來，我們就能迅速掌握當前的資金配置狀況，進一步評估潛在的風險，例如是否存在風險過度集中某產業的情況。

📊 程式碼詳解：投組分析機器人

與先前在 Replit 建構 Dash 應用程式時相同，我們將程式的功能細分，並放置在 my_commands 資料夾下。此專案的程式架構如下：

在此專案的架構下，我們將 Colab 上抓取資料並計算各項指標的程式碼稍作改寫，並放置在 stock_data.py 檔案中，這邊就不重複講解了。接下來，會重點介紹 portfolio_gpt.py 及 main.py 的程式碼。

```
portfolio_gpt.py
1:  # 省略 get_reply() 程式碼
2:
3:  # 建立訊息指令 (Prompt)              ↙ 傳入字典格式的股票資料
4:  def portfolio_gpt(stock_dict):
5:
6:      content_msg = '你現在是一位專業的投資組合分析師, \
7:          你會依據以下資料來進行分析並給出一份完整的資金分配建議:\n'
8:
9:      content_msg += f'目前的資金分配:\n {stock_dict}\n'
10:              要求 AI 重點分析產業結構與風險 ↘
11:      content_msg += '請檢視投資組合的產業結構, 並檢視是否有風險過高的情形\
12:          , 最後給出資金的分配建議, reply in 繁體中文'
13:
14:      msg = [{
15:          "role": "system",
16:          "content": "你現在是一位專業的投資組合分析師, \
17:                  並給出投資組合的分析報告"
18:      }, {
19:          "role": "user",
20:          "content": content_msg
21:      }]
22:
23:      reply_data = get_reply(msg)
24:
25:      return reply_data
```

　　閱讀到這邊的讀者, 應該對以上的提示模板很熟悉了!在 portfolio_gpt()
函式中, 我們將 AI 的角色設定為投資組合分析師, 給出資金分配與風險管
理的建議。讀者可以依據自己的分析需求, 修改所設定的提示模板, 讓 AI
針對你的要求重點分析。另外, stock_dict 為所傳入的股票資料, 建議傳入
字典格式, 能夠提升 AI 分析的穩定性。

```
main.py

 1:  # 讀取股名資料表
 2:  stock_name = pd.read_csv("name_df.csv", index_col=0)
 3:  stock_name.set_index('股號', inplace=True)
 4:
 5:  # 建構 dash 應用
 6:  app = dash.Dash(__name__)
 7:
 8:  # 預設 4 個輸入框
 9:  initial_inputs = [
10:      html.Div([
11:          dcc.Input(type='number', placeholder='股票代號'),
12:          dcc.Input(type='number', placeholder='權重分配%'),
13:      ])
14:      for _ in range(4)
15:  ]
16:
17:  # 前端頁面
18:  app.layout = html.Div([
19:      html.H1("AI 投資組合建議機器人"),
20:      html.Div([
21:          html.Button('新增股票', id='add-button', n_clicks=0),
22:          html.Button('刪除股票', id='remove-button', n_clicks=0)
23:      ]),
24:      html.Div(id='input-container', children=initial_inputs),
25:      html.Button('確認', id='submit-button'),
26:      html.Div(id='output-container'),
27:      html.Div(id='ai-suggestion', children=[])
28:  ])
29:
30:  # 新增或移除股票按鈕
31:  @app.callback(
32:    Output('input-container', 'children'),
33:    [Input('add-button', 'n_clicks'),
34:     Input('remove-button', 'n_clicks')],
35:     State('input-container', 'children')
36:  )
```

NEXT

```
37: def modify_inputs(add_clicks, remove_clicks, children):
38:     ctx = dash.callback_context
39:     if not ctx.triggered:
40:         return children
41:     button_id = ctx.triggered[0]['prop_id'].split('.')[0]
42:
43:     if button_id == 'add-button':
44:         new_input = html.Div([
45:             dcc.Input(type='number', placeholder='股票代號'),
46:             dcc.Input(type='number', placeholder='權重分配%'),
47:         ])
48:         children.append(new_input)
49:     elif button_id == 'remove-button' and children:
50:         children.pop()
51:     return children
52:
53: # AI 投資組合建議
54: @app.callback(
55:     [Output('output-container', 'children'),
56:      Output('ai-suggestion', 'children')],
57:     [Input('submit-button', 'n_clicks')],
58:     [State('input-container', 'children')]
59: )
60: def retrieve_data(n, children):
61:     if not n:
62:         return []
63:                  ↙ 取得輸入框的股票代號
64:     stock_list = [
65:         child['props']['children'][0]['props'].get('value')
66:         for child in children
67:         if child['props']['children'][0]['props'].get('value')
68:           is not None
69:     ]
70:                  ↙ 取得輸入框的股票權重
71:     stock_wight = [
72:         child['props']['children'][1]['props'].get('value')
73:         for child in children
```

NEXT

```
74:        if child['props']['children'][1]['props'].get('value')
75:            is not None
76:    ]
77:
78:    # 使用 stock_data 函式取得股票資料
79:    stock_df = stock_data(stock_list)
80:    stock_name_df = stock_name.loc[stock_list]
81:
82:    all_df = pd.merge(stock_name_df, stock_df, on='股號')
83:    all_df["資金分配%"] = stock_wight
84:
85:    stock_dict = all_df.to_dict('records')  ← 轉成字典資料, 讓 AI 方便分析
86:
87:    # 回傳股票資料到前端
88:    table = dash_table.DataTable(
89:        id='table',
90:        columns=[{
91:            "name": i,
92:            "id": i
93:        } for i in all_df.columns],
94:        data=stock_dict,
95:        style_table={'overflowX': 'auto'},
96:    )
97:
98:    reply_data = portfolio_gpt(stock_dict)
99:    ai_suggestion = html.P(reply_data)
100:
101:    return table, ai_suggestion
102:
103: if __name__ == "__main__":
104:    app.run_server(host='0.0.0.0', port=5000)
```

　　main.py 的 Dash 應用主要由 3 個部分組成，分別是**前端的頁面呈現、新增或刪除輸入框的回呼函式**及 **AI 投資組合建議的回呼函式**。以下為程式碼詳解：

● 第 2~3 行：讀取預先上傳好的股名對照表，節省線上抓取資料的時間。

● 第 6 行：初始化 Dash 應用程式。

● 第 9~15 行：建立 4 個預設的輸入框，並代入到 24 行。

● 第 18~28 行：使用 html 組件來建構 Dash 應用程式的前端頁面。在此建立的一個 H1 標題、新增與刪除股票輸入框的按鈕、輸入框及後續表格和 AI 建議的放置位置。

● 第 31~51 行：回呼函式會透過監測按鈕的點擊次數，來觸發 modify_inputs() 函式，以達到動態輸入的效果。當使用者點擊**新增股票**或**刪除股票**按鈕時，會動態修改股票輸入框。當新增股票的按鈕被點擊時，會增加一組輸入框至 input-container 中；當刪除股票的按鈕被點擊時，則會將 input-container 中的最後一組輸入框刪除。

● 第 54~101 行：定義取得股票資料及 AI 建議的回呼函式。當使用者點擊**確認**按鈕時，會執行下面的 retrieve_data() 函式，負責擷取與處理使用者所輸入的股票代號相對應的資料。這段程式碼會將股票資料整合成表格，同時提供由 AI 產生的專業建議。

● 第 64~76 行：用迴圈的方式取得 children 中的每一個 html.Div，並從中取得子元素的值，即為**股票代號**及**權重**。最後轉換成 stock_list 和 stock_wight 的串列。

● 第 79~85 行：使用 stock_data() 函式來取得股票資料，並從 stock_name 表格中取出對應的產業別進行合併，最後轉換成字典格式的資料。

● 第 88~96 行：使用 dash_table.DataTable() 建立 Dash 表格，以在前端中呈現。

● 第 98~99 行：將字典格式的 stock_dict, 代入 portfolio_gpt() 函式中，生成 AI 建議，並用 html.P() 轉換成易於顯示的文字。

● 第 103~104 行：運行 Dash 應用程式。

9.4 結語

　到這邊，本書也接近尾聲了。我們於第 1 章便提過，股市就像一片汪洋大海，投資的路程中充滿著不確定性，時而風平浪靜，時而驟雨狂風。筆者應與大部分的讀者一樣，只是個漫步於股海中的小散戶，背後沒有專業的投資團隊幫忙分析。而面對滄海桑田的投資環境，我們能將「科技」作為航行中的羅盤，幫助我們即時調整方向、應變各種情況，從而在股海中破浪而出。

　在本書中，我們將 AI 技術應用在股票投資的領域。從基本的股票分析開始，逐步深入到使用 AI 來計算技術指標、回測、生成趨勢分析報告、解讀年報，甚至是選股或評估投資組合。然而，AI 只是輔助的工具，真正的投資決策還是由我們來進行，但善加利用它，絕對可以為我們提供更廣闊、更深入的視角。

　願各位讀者都能在投資的路上走出自己的路，共勉之！

AI REVOLUTION
IN
INVESTMENT

AI REVOLUTION
IN
INVESTMENT